工程施工与质量简明手册丛书

基坑工程

马晓华　陈云峰　沈杰超 ◎ 主编

U0188728

中国建材工业出版社

图书在版编目（CIP）数据

基坑工程 / 马晓华，陈云峰，沈杰超主编. –北京：
中国建材工业出版社，2018.6（2020.7重印）
（工程施工与质量简明手册丛书 / 王云江主编）
ISBN 978-7-5160-2192-7

Ⅰ. ①基… Ⅱ. ①马… ②陈… ③沈… Ⅲ. ①基坑工
程-工程施工-技术手册 Ⅳ. ①TU46-62

中国版本图书馆 CIP 数据核字（2018）第 053027 号

基坑工程

马晓华　陈云峰　沈杰超　主编

出版发行：中国建材工业出版社
地　　址：北京市海淀区三里河路 1 号
邮　　编：100044
经　　销：全国各地新华书店
印　　刷：北京雁林吉兆印刷有限公司
开　　本：787mm×1092mm　1/32
印　　张：4.375
字　　数：100 千字
版　　次：2018 年 6 月第 1 版
印　　次：2020 年 7 月第 2 次
定　　价：38.00 元

本社网址：www.jccbs.com　　微信公众号：zgjcgycbs
本书如出现印装质量问题，由我社市场营销部负责调换。
联系电话：(010) 88386906

内 容 简 介

　　本书是依据现行国家和行业的施工与质量验收标准、规范，并结合基坑工程施工与质量实践编写而成的，基本覆盖了基坑工程施工的主要领域。本书旨在为基坑工程施工人员提供一本简明实用、方便携带的小型工具书，便于他们在施工现场随时参考、快速解决实际问题，保证工程质量。本书包括地下连续墙、锚杆、钻孔灌注桩排桩、土钉、内支撑、高压喷射注浆（旋喷柱）、钢板桩与钢筋混凝土板桩、型钢水泥土搅拌桩、水泥土搅拌桩 9 部分内容。

　　本书可供基坑工程施工专业技术管理人员和施工人员使用，也可供各类院校相关专业师生学习参考。

前　言

　　为及时有效地解决建筑施工现场的实际技术问题，我们策划并组织专家编写了"工程施工与质量简明手册丛书"。本丛书为系列口袋书，内容简明实用，"身形"小巧，便于携带，随时查阅，使用方便。

　　丛书共 16 本，各分册分别为《建筑工程》《安装工程》《装饰工程》《市政工程（第 2 版）》《园林工程》《公路工程》《基坑工程》《楼宇智能》《城市轨道交通》《建筑加固》《绿色建筑》《城市轨道交通供电工程》《城市轨道交通弱电工程》《城市管廊》《海绵城市》《管道非开挖（CIPP）工程》。

　　《基坑工程》依据现行国家和行业施工与质量验收标准、规范，并结合基坑工程施工与质量实践编写而成，旨在为基坑工程的设计和施工人员提供一本简明实用、方便携带的小型工具书，便于他们在施工现场随时参考，快速解决实际问题，保证工程质量。本书包括地下连续墙、锚杆、钻孔灌注桩排桩、土钉、内支撑、高压喷射注浆（旋喷桩）、钢板桩与钢筋混凝土板桩、型钢水泥土搅拌桩、水泥土搅拌桩 9 部分内容。

　　对于本书中的疏漏和不当之处，敬请广大读者不吝指正。

　　本书由马晓华、陈云峰、沈杰超任主编。

　　本书在编写过程中得到了浙江绩丰岩土技术股份有限公司的大力支持，在此表示衷心的感谢！

编　者

2020.03.01

目　录

1 地下连续墙 ……………………………………………… 1

　　1.1 施工要点 …………………………………………… 1

　　1.2 质量控制措施 ……………………………………… 7

　　1.3 质量检查与验收 …………………………………… 12

　　1.4 安全控制措施 ……………………………………… 15

2 锚杆 ……………………………………………………… 18

　　2.1 施工要点 …………………………………………… 18

　　2.2 质量控制措施 ……………………………………… 33

　　2.3 质量检查与验收 …………………………………… 37

　　2.4 安全控制措施 ……………………………………… 40

3 钻孔灌注桩排桩 ………………………………………… 42

　　3.1 施工要点 …………………………………………… 42

　　3.2 质量控制措施 ……………………………………… 43

　　3.3 质量检查与验收 …………………………………… 50

　　3.4 安全控制措施 ……………………………………… 53

4 土钉 ……………………………………………………… 59

　　4.1 施工要点 …………………………………………… 59

　　4.2 质量控制措施 ……………………………………… 62

　　4.3 质量检查与验收 …………………………………… 64

4.4 安全控制措施 …………………………………… 69

5 内支撑 ………………………………………………… 71

  5.1 施工要点 ………………………………………… 71
  5.2 质量控制措施 …………………………………… 73
  5.3 质量检查与验收 ………………………………… 77
  5.4 安全控制措施 …………………………………… 79

6 高压喷射注浆（旋喷桩） …………………………… 83

  6.1 施工要点 ………………………………………… 83
  6.2 质量控制措施 …………………………………… 85
  6.3 质量检查和验收 ………………………………… 87
  6.4 安全控制措施 …………………………………… 89

7 钢板桩与钢筋混凝土板桩 …………………………… 94

  7.1 施工要点 ………………………………………… 94
  7.2 质量控制措施 …………………………………… 95
  7.3 质量检查与验收 ………………………………… 99
  7.4 安全控制措施 ………………………………… 102

8 型钢水泥土搅拌桩 ………………………………… 109

  8.1 施工要点 ……………………………………… 109
  8.2 质量控制措施 ………………………………… 114
  8.3 质量检查与验收 ……………………………… 116
  8.4 安全控制措施 ………………………………… 119

9 水泥土搅拌桩 ……………………………………… 122

  9.1 施工要点 ……………………………………… 122

9.2 质量控制措施 ……………………………… 123

9.3 质量检查与验收 ……………………………… 125

9.4 安全控制措施 ……………………………… 126

参考文献……………………………………………… 129

目次

1 地下连续墙

《建筑地基基础工程施工规范》
（GB 51004—2015）

1.1 施工要点

1.1.1 地下连续墙施工前应通过试成槽确定合适的成槽机械、护壁泥浆配比、施工工艺、槽壁稳定等技术参数。

1.1.2 地下连续墙施工应设置钢筋混凝土导墙，导墙施工时应符合下列规定：

（1）导墙应采用现浇混凝土结构，混凝土强度等级不应低于 C20，厚度不应小于 200mm。

（2）导墙顶面宜高出地面 100mm，且应高于地下水位 0.5m 以上；导墙底部应进入原状土 200mm 以上，且导墙高度不应小于 1.2m。

（3）导墙外侧应用黏性土填实；导墙内侧墙面应垂直，其净距应比地下连续墙设计厚度加宽 40mm。

（4）导墙混凝土应对称浇筑，强度达到 70% 后方可拆模，拆模后导墙应加设对撑。

（5）遇暗浜、杂填土等不良地质时，宜进行土体加固或采用深导墙。

1.1.3 导墙允许偏差应符合表 1.1.3 的规定。

表 1.1.3　导墙允许偏差

项　目	允许偏差	检查频率		检查方法
		范围	点数	
宽度（设计墙厚＋40mm）	＜±10mm	每幅	1	尺量
垂直度	＜H/500	每幅	1	线锤
墙面平整度	≤5mm	每幅	1	尺量
导墙平面位置	＜±10mm	每幅	1	尺量
导墙顶面标高	±20mm	6m	1	水准仪

注：H 表示导墙的深度（cm）。

1.1.4　泥浆制备应符合下列规定：

（1）新拌制泥浆应经充分水化，贮放时间不应少于 24h。

（2）泥浆的储备量宜为每日计划最大成槽方量的 2 倍以上。

（3）泥浆配合比应按土层情况试配确定，一般泥浆配合比可根据表 1.1.4 选用。遇土层极松散、颗粒粒径较大、含盐或受化学污染时，应配制专用泥浆。

表 1.1.4　泥浆配合比　　　　　　　　　%

土层类型	膨润土	增粘剂（CMC）	纯碱（Na_2CO_3）
黏性土	8～10	0～0.02	0～0.5
砂性土	10～12	0～0.05	0～0.5

1.1.5　泥浆性能指标应符合下列规定：

（1）新拌制泥浆的性能指标须符合表 1.1.5-1 的要求。

表 1.1.5-1 新拌制泥浆的性能指标

项次	项目		性能指标	检验方法
1	相对密度		1.03～1.10	泥浆相对密度称
2	黏度	黏性土	19～25s	500mL/700mL漏斗法
		砂性土	30～35s	
3	胶体率		＞98％	量筒法
4	失水量		＜30mL/30min	失水量仪
5	泥皮厚度		＜1mm	失水量仪
6	pH		8～9	pH试纸

（2）循环泥浆的性能指标须符合表 1.1.5-2 的要求。

表 1.1.5-2 循环泥浆的性能指标

项次	项目		性能指标	检验方法
1	相对密度		1.05～1.25	泥浆相对密度称
2	黏度	黏性土	19～30s	500mL/700mL漏斗法
		砂性土	30～40s	
3	胶体率		＞98％	量筒法
4	失水量		＜30mL/30min	失水量仪
5	泥皮厚度		＜1～3mm	失水量仪
6	pH		8～10	pH试纸
7	含砂率	黏性土	＜4％	洗砂瓶
		砂性土	＜7％	

1.1.6 成槽施工时应符合下列规定：

（1）单元槽段长度宜为 4～6m。

（2）槽内泥浆面不应低于导墙面 0.3m，同时槽内泥浆面应高于地下水位 0.5m 以上。

（3）成槽机应具备垂直显示仪表和纠偏装置，成槽过程中应及时纠偏。

（4）单元槽段成槽过程中抽检泥浆指标不应少于 2 处，且每处不少于 3 次。

（5）成槽允许偏差应符合表 1.1.6 的规定。

表 1.1.6　地下连续墙成槽允许偏差

序号	项目		测试方法	允许偏差
1	深度	临时结构	测绳 2 点/幅	0～100mm
		永久结构		0～100mm
2	槽位	临时结构	钢尺 1 点/幅	0～50mm
		永久结构		0～30mm
3	墙厚	临时结构	20％超声波 2 点/幅	0～50mm
		永久结构	100％超声波 2 点/幅	0～50mm
4	垂直度	临时结构	20％超声波 2 点/幅	≤1/200
		永久结构	100％超声波 2 点/幅	≤1/300
5	沉渣厚度	临时结构	100％测绳 2 点/幅	≤200mm
		永久结构		≤100mm

1.1.7　成槽后的刷壁与清基应符合下列规定：

（1）成槽后，应及时清刷相邻段混凝土的端面，刷壁宜到底部，刷壁次数不得少于 10 次，且刷壁器上无泥。

（2）刷壁完成后应进行清基和泥浆置换，宜采用泵吸法清基。

（3）清基后应对槽段泥浆进行检测，每幅槽段检测 2 处。取样点距离槽底 0.5～1.0m，泥浆指标应符合表 1.1.7 的规定。

表 1.1.7　清基后的泥浆指标

项目		清基后泥浆	检验方法
相对密度	黏性土	≤1.15	相对密度计
	砂性土	≤1.20	
黏度/s		20～30	漏斗计
含砂率（%）		≤7	洗砂瓶

1.1.8　槽段接头施工应符合下列规定：

（1）接头管（箱）及连接件应具有足够的强度和刚度。

（2）十字钢板接头与工字钢接头在施工中应配置接头管（箱），下端应插入槽底，上端宜高出地下连续墙泛浆高度，同时应制定有效的防混凝土绕流措施。

（3）钢筋混凝土预制接头应达到设计强度的100%后方可运输及吊放，吊装的吊点位置及数量应根据计算确定。

（4）铣接头施工时应符合下列规定：

1）当采用铣接头施工时，套铣部分不宜小于200mm；后续槽段开挖时，应将套铣部分混凝土铣削干净，形成新鲜的混凝土接触面。

2）导向插板一般选用长5～6m的钢板，应在混凝土浇筑前，放置于预定位置。

3）套铣一期槽段钢筋笼应设置限位块，限位块设置在钢筋笼两侧，可以采用PVC管等材料，一般限位块长度为300～500mm，间距为3～5m。

1.1.9　钢筋笼制作和吊装应符合下列规定：

（1）钢筋笼加工场地与制作平台应平整，平面尺寸应满足制作和拼装要求。

（2）分节制作钢筋笼同胎制作应试拼装，采用焊接或机械连接。

（3）钢筋笼制作时应预留导管位置，并上下贯通。

（4）钢筋笼应设置纵横向桁架、剪刀撑等措施加强钢筋笼的整体刚度，钢筋笼应进行整体吊放安全验算。

（5）钢筋笼应设保护层垫板，纵向间距为 3～5m，横向设置 2～3 块。

（6）吊车的选用应满足吊装高度及起重量的要求，主吊和副吊应根据计算确定。

（7）钢筋笼吊点布置应根据吊装工艺和计算确定，并应进行整体起吊安全验算，按计算结果配置吊具、吊点加固钢筋、吊筋等。

（8）钢筋笼应在清基后及时吊放。

（9）异型槽段钢筋笼起吊前应对转角处进行加强处理，并随入槽过程逐渐割除。

1.1.10 现浇地下连续墙混凝土通常采用导管法连续浇筑。

（1）导管接缝密闭，导管前端应设置隔水栓，可防止泥浆进入导管，保证混凝土浇筑质量。

（2）导管间距过大或导管处混凝土表面高差太大易造成槽段端部和两根导管之间的混凝土面低下，泥浆易卷入墙体混凝土中。使用的隔水栓应有良好的隔水性能，并应保证顺利排出；隔水栓宜采用球胆或桩身混凝土强度等级相同的细石混凝土制作。

（3）在 4h 内浇筑混凝土，主要是为了避免槽壁坍塌或降低钢筋握裹力。

（4）水下灌注的混凝土实际强度会比混凝土标准试块强度等级低，为使墙身实际强度达到设计要求，当墙身强度等级较低时，一般采用提高一级混凝土强度等级进行配制。但当墙身强度等级较高时，按提高一级配制混凝土尚嫌不足，所以在无试验依据的情况下，水下混凝土配制的标准试块强度等级应比设计墙身强度等级有所提高，提高等级可参照表 1.1.10。

表 1.1.10　混凝土设计强度等级对照表

混凝土设计强度等级	C25	C30	C35	C40	C45	C50
水下混凝土配制强度等级	C30	C35	C40	C50	C55	C60

（5）采用导管法浇筑混凝土时，如果导管埋入深度太浅，可能使混凝土浇筑面上面的被泥浆污染的混凝土卷入墙体内，当埋入过深时，又会使混凝土在导管内流动不畅，在某些情况下还会产生钢筋笼上浮。根据以往施工经验，规定导管的埋入深度为 2～4m。

（6）为了保证混凝土有较好的流动性，需控制好浇筑速度，在浇筑混凝土时，顶面往往存在一层浮浆，硬化后需凿除，为此，混凝土需超浇 300～500mm，以便将设计标高以上的浮浆层用风镐打去。

1.2　质量控制措施

1.2.1　成槽垂直度控制措施

成槽质量的好坏重点在垂直度的控制上，为保证成槽质量，有效控制垂直度（1/700），采取如下措施：

（1）成槽过程中利用成槽机的显示仪进行垂直度跟踪观测，做到随挖随纠，达到设计的垂直度要求。

（2）合理安排每个槽段中的挖槽顺序，使抓斗两侧的阻力均衡。

（3）消除成槽设备的垂直度偏差，根据成槽机的仪表控制垂直度。

（4）成槽结束后，利用超声波检测仪测垂直度，如发现垂直度没有达到设计和规范要求，及时进行修正。

（5）铣槽机成槽，必须在现场质检员的监督下，由机组负责人指挥，严格按照设计槽孔偏差控制液压铣铣头下放位置，将液压铣铣头中心线对正槽孔中心线，缓慢下放液压铣铣头施工成槽。

1.2.2 防止槽壁坍塌措施

1. 改善泥浆性能

在泥浆中加入适量的重晶石粉和CMC以增大泥浆相对密度和提高泥浆黏度，增大槽内泥浆压力盒形成泥皮的能力。

2. 加高施工导墙

由于施工场地地面标高高于导墙标高，且地下水位较高，在荷载作用下稳定性较差，因此在导墙施工时对上部进行加高，高出地面 10～20cm，提高浆液面的高度，保证槽壁稳定。

3. 减少施工影响

（1）在成槽时尽量小心，抓斗每次下放和提升都要缓慢匀速进行，尽量减少抓斗对槽壁的碰撞和引起泥浆震荡。

（2）施工中防止泥浆漏失并及时补浆，始终维持槽段所必需的液位高度，保证浆液液面比地下水位高。

（3）雨天地下水位上升时应及时加大泥浆相对密度和黏度，雨量较大时暂停挖槽，并盖封槽口。

（4）施工过程中严格控制地面的荷载，不使土壁受到施工附近荷载作用影响而造成土壁塌方，确保墙身的粗糙度。

1.2.3 槽壁塌方处理措施

若在成槽过程中已经遇到了塌方，采取如下处理措施：

（1）坍塌的槽段部分导墙即使不断裂，也因其底部空虚而不能承重，因此在吊装钢筋笼前先架设具有足够刚度的钢梁，代替导墙搁置钢筋笼，并将钢筋笼荷载通过钢梁传递到坍塌区以外的地基上。

（2）塌方后必然会造成混凝土从接头管两边绕流，致使接头管难以起拔，并给相邻槽段的开挖、钢筋笼下放带来困难，造成质量事故，对此可采用：

1）增加顶拔频率，减少每次顶拔高度，使接头处混凝土面始终和接头管保持脱离状态，确保接头管能安全起拔，不破坏已浇筑槽壁混凝土。

2）当接头管全部拔出后，在绕管混凝土强度不高时，马上采用液压抓斗，对绕管混凝土彻底清除，然后采用优质黏土暂时回填。

1.2.4 地下连续墙渗漏水的预防措施

（1）地下连续墙的清底工作应彻底，清底时严格控制每斗的进尺量不超过 15cm，以便将槽底泥块清除干净，防止泥块在混凝土中形成夹心现象，引起地下连续墙漏水。

（2）严格泥浆的管理，对相对密度、黏度、含砂率超标的泥浆坚决废弃，防止因泥浆引起的混凝土浇筑时混凝土面高度过大而造成的夹层现象。

（3）防止混凝土浇筑时槽壁塌方。钢筋笼下放到位后，附近不得有大型机械行走，以免引起槽壁土体震动。

（4）混凝土浇筑时严格控制导管理入混凝土中的深度，绝对不允许发生导管拔空现象，防止混凝土导管拔出混凝土面而出现混凝土断层夹泥的现象，混凝土浇筑过程中要经常提拔导管，起到振捣混凝土的作用，使混凝土密实，防止出现蜂窝、孔洞，以及大面积湿迹和渗漏现象。

（5）如开挖后发现有渗漏现象，应立即进行堵漏，可视其漏水程度不同采取相应措施，封堵方法如下：

1）在有微量漏水时，可采用双快水泥进行修补。

2）漏水较严重时，可用双快水泥进行封堵，同时用软管引流，该水泥硬化后从引流管中注入化学浆液止水堵漏，进行化学注浆。

3）对较大渗漏情况，有可能产生大量土砂漏入时，先将漏点用土或快速水泥反压，防止大量砂子渗出。同时，在地下连续墙的背面采用双液注浆（水玻璃和水泥）处理。

1.2.5　地下连续墙露筋现象的预防措施

（1）钢筋笼必须在水平的钢筋平台上制作，制作时必须保证其有足够的刚度，架设型钢固定，防止起吊变形。

（2）必须按设计和规范要求放置保护层垫块，严禁遗漏。

1.2.6　成槽漏浆现象的预防及处理措施

（1）产生漏浆现象的最主要地方是地下人防和地下管道部位。对于施工区内地下人防和地下管道，在导墙施工时，应将地下人防和地下管道在导墙范围内的部分破除干净，导墙的底部必须超过地下人防和地下管道的底板，进入原状土层，导墙的后部用黏土回填密实，防止漏浆。

（2）对于少量漏浆现象，如果是地质原因，可在泥浆中加入 0.5%～2% 的锯末作为防漏剂，继续成槽。

（3）突然出现大量漏浆现象，则是由于开挖槽壁中有孔洞出现，这时应立即停止成槽，并不断向槽内送浆，保持槽内泥浆面的高度，防止槽壁塌方。然后挖出导墙外边的主体，查找漏浆的源头进行封堵。待处理结束后才能继续进行成槽。

1.2.7 地下连续墙墙底注浆可消除墙底沉淤，加固墙侧和墙底附近的土层。墙底注浆可减少地下连续墙的沉降，也可使地下连续墙底部承载力和侧壁摩擦力充分发挥，提高地下连续墙的竖向承载力。

（1）地下连续墙墙底注浆一般在每幅槽段内设置 2 根注浆管，注浆管间距一般不大于 3m；注浆管下端伸至槽底以下 200～500mm 的规定是为了防止地下连续墙混凝土浇筑后包裹注浆管头，堵塞注浆管。

（2）注浆压力应大于注浆深度处土层压力，注浆一般在浇筑压顶圈梁之前进行。注浆量可根据土层情况及类似工程经验确定，必要时可根据工程现场试验确定。压浆可分阶段进行，可采用注浆压力和注浆量双控的原则。

（3）注浆前疏通注浆管，确保注浆管畅通，可采用清水开塞的方法，这是确保注浆成功的重要环节，通常在地下连续墙混凝土浇筑完成后 7～8h 进行。清水开塞是采用高压水劈通压浆管，为墙底注浆做准备的一个环节。对于深度超过 45m 的地下连续墙，由于混凝土浇筑时间较长，一般可结合同条件养护试块确定具体的开塞时间。

1.2.8 对于钢筋笼无法下放到位的预防及处理措施

（1）对于钢筋笼在下放入槽时不能准确到位时，不得强行冲放，严禁割短割小钢筋笼，应重新提起，待处理合格后再重新吊入。

（2）钢筋笼吊起后先测量槽深，分析原因，对于塌孔或缩孔引起的钢筋笼无法下放，应用成槽机进行修槽，待修槽完成后再继续吊放钢筋笼入槽。

（3）对于大量塌方，以致无法继续进行施工时，应对该幅槽段用黏土进行回填密实后再成槽。

（4）对于由于上一幅地下连续墙混凝土绕管引起的钢筋笼无法下放，可用成槽用抓斗放空冲抓或用吊机吊刷壁器空挡冲放，清除绕管部分混凝土后，再吊放钢筋笼入槽。

1.2.9　对预埋件标高控制措施

（1）钢筋笼施工时应保证钢筋笼横平竖直，预埋件必须准确对应钢筋笼的笼顶标高。

（2）预埋件必须牢固固定于钢筋笼上，杜绝预埋件在钢筋笼起吊和下放过程中产生松动或脱落现象。

（3）钢筋笼在下放到位后，必须跟踪测量笼顶主筋的标高，如出现超过规范和设计要求的情况，必须马上调整到设计标高。

1.3　质量检查与验收

1.3.1　地下连续墙均应设置导墙，导墙形式有预制及现浇两种，现浇导墙形状有 L 形或倒 L 形，可根据不同土质选用。

1.3.2　地下连续墙施工前宜先试成槽，以检验泥浆配合比、成槽机的选型并可复核地质资料。

1.3.3　作为永久结构的地下连续墙，其抗渗质量标准可按现行国家标准《地下防水工程质量验收规范》（GB 50208）执行。

1.3.4　地下连续墙槽段间的连接接头形式，应根据地下连续墙的使用要求选型，且应考虑施工单位的经验，无论选用何种接头，在浇筑混凝土前，接头处必须刷洗干净，不留任何泥沙或污物。

1.3.5　地下连续墙与地下室结构顶板、楼板、底板及梁之间连接可预埋钢筋或接驳器（锥螺纹或直螺纹），对接驳器也应按原材料检验要求，抽样复验。数量每500套为一个检验批，每批应抽查3件，复验内容为外观、尺寸、抗拉试验等。

1.3.6 施工前应检验进场的钢材、电焊条。已完工的导墙应检查其净空尺寸、墙面平整度与垂直度。检查泥浆用的仪器，泥浆循环系统应完好。地下连续墙应用商品混凝土。

1.3.7 施工中应检查成槽的垂直度、槽底的淤积物厚度、泥浆相对密度、钢筋笼尺寸、浇筑导管位置、混凝土上升速度、浇筑面标高、地下连续墙连接面的清洗程度、商品混凝土的坍落度、锁口管或接头箱的拔出时间及速度等。

1.3.8 成槽结束后应对成槽的宽度、深度及倾斜度进行检验，重要结构每段槽段都应检查，一般结构可抽查总槽段数的20%，每槽段应检查一个段面。

1.3.9 永久性结构的地下连续墙，在钢筋笼沉放后，应做二次清孔，沉渣厚度应符合要求。

1.3.10 每50m³地下连续墙应做1组试件，每幅槽段不得少于1组，在强度满足设计要求后方可开挖土方。

1.3.11 作为永久性结构的地下连续墙，土方开挖后应进行逐段检查，钢筋混凝土底板也应符合现行国家标准《混凝土结构工程施工质量验收规范》（GB 50204）的规定。

1.3.12 地下连续墙钢筋笼质量检验标准应符合表1.3.12-1的规定；其他质量检验标准应符合表1.3.12-2的规定。

表 1.3.12-1　地下连续墙钢筋笼质量检验标准　　　mm

项目	序号	检查项目	允许偏差或允许值	检查方法
主控项目	1	主筋间距	±10	用钢尺量
	2	长度	±100	用钢尺量

13

项目	序号	检查项目	允许偏差或允许值	检查方法
一般项目	1	钢筋材质检验	设计要求	抽样送检
	2	箍筋间距	±20	用钢尺量
	3	直径	±10	用钢尺量

表 1.3.12-2　地下连续墙其他质量检验标准　　　　mm

项目	序号	检查项目		允许偏差或允许值		检查方法
				单位	数值	
主控项目	1	墙体强度		设计要求		查试件记录或取芯试压
	2	垂直度：永久结构 临时结构			1/300 1/150	测声波测槽仪或成槽机上的检测系统
一般项目	1	导墙尺寸	宽度 墙面平整度 导墙平面位置	mm	W+40 <5±10	用钢尺量，W为地下连续墙设计厚度 用钢尺量 用钢尺量
	2	沉渣厚度：永久结构 临时结构		mm	≤100 ≤200	用重锤或沉积物测定仪测
	3	槽深		mm	+100	用重锤测
	4	混凝土坍落度		mm	180~220	用坍落度测定器测
	5	钢筋笼尺寸		见表 1.3.12-1		见表 1.3.12-1
	6	地下连续墙表面平整度	永久结构 临时结构 插入式结构	mm	<100 <150 <20	此为均匀黏土层，松散及易塌土层由设计决定
	7	永久结构时的预埋件位置	水平向 垂直向	mm	≤10 ≤20	用钢尺量 用水准仪测

14

1.4 安全控制措施

1.4.1 大型施工机械设备的安装、拆卸，根据原有生产厂家的规定，按机械设备施工组织设计技术方案和安全作业技术措施，由专业队伍的人员在队（组）长的负责统一指挥下进行，并由技术和安全人员监护。

1.4.2 大型施工机械设备履带吊进场，经检测合格，报监理审核后，方可投入使用。操作人员持证上岗。

1.4.3 施工人员进场，必须经过三级安全教育。

1.4.4 作业前必须对施工人员进行安全技术教育和安全技术交底。确保每个施工人员了解所操作的机械性能和本岗位的安全技术操作规程，必须持证上岗。

1.4.5 施工人员作业前，应按工种进行安全技术交底。

1.4.6 作业前应检查所使用的工具，如手柄有无松动、断裂等，手持电动工具的配电开关箱漏电保护器应检查动作是否灵敏，合格后方可使用。

1.4.7 混凝土浇捣作业，振捣器使用前必须经现场电工检查确认合格后方可使用，开关箱必须装有灵敏的漏电保护器，插座插头应完好，电源线不得有破损，操作者必须穿绝缘胶鞋，戴绝缘手套。

1.4.8 为方便人员进出导墙段，应在要求的出入口处铺设钢筋网片或铺设木跳板。

1.4.9 导墙浇筑完毕要注意养护，现浇混凝土导墙拆模后，应立即在两片导墙间按一定间距加设木支撑或砖支撑，防止导墙产生位移、变形失稳。

1.4.10 及时回填土，防止人员不慎跌落。

1.4.11 项目部对本工程的危险源进行辨识，确定重大危险源，并对其制订专项安全方案，以便对其进行有效控制，减少或避免事故的发生。

1.4.12 所有外露传动系统必须有防护罩；由专人负责车辆指挥，防止发生意外。

1.4.13 各种机械设备的最大作业半径内严禁站人。

1.4.14 成槽完成后，应在槽口盖好安全网板，防止人、物坠入槽内；连续墙成槽过程中及成槽后，应在导墙两侧设立警示标志，防止人员失足跌入沟槽。

1.4.15 施工场地内设临时弃土场，施工产生的渣土运至弃土场堆放，并采取洒水、防尘网覆盖等防尘措施，避免扬尘，严禁场地内随处堆放渣土，保持场地规范、整洁。夜间将渣土及时清运，外运至许可的弃土场。

1.4.16 泥浆制作池顶侧壁需铺设木跳板作为临时道路，同时在路侧设置扶手栏杆，防止人员不慎落入池内引发安全事故。

1.4.17 施工现场临时用电须遵守现行国家标准《建设工程施工现场供用电安全规范》（GB 50194）和《施工现场临时用电安全技术规范》（JGJ 46）的规定。

1.4.18 电焊机应设专用电源控制开关，操作前检查所有工具、电焊机、电源开关及线路是否良好，金属外壳应有安全可靠接地，进出线应有完整的防护罩，完工后切断电源；电焊作业人员必须持证上岗。

1.4.19 钢筋笼制作、电焊、气割，严格遵守"十不烧"规程操作。

1.4.20 钢筋笼起吊准备，必须密切注意钢丝绳磨损情况，如果磨损超过规定极限，必须立即调换钢丝绳。

1.4.21 钢筋笼吊升、吊运前应仔细检查钢筋笼各吊点，检查钢筋笼的焊接质量是否可靠，起吊前先进行试吊，对起重机械的制动器、吊钩、钢丝绳和安全装置进行检查，排除不安全因素后，方可起吊；司索、信号工需持有效合格证件，方可上岗。

1.4.22 两台起重机同时起吊，必须注意负荷的分配，每台起重机分担质量的负荷不得超过该机允许负荷的80%，防止任何一台负荷过大造成事故；钢筋笼起吊时，必须对两台起重机进行统一指挥，使两台起重机动作协调相互配合，起重驾驶员必须严格听从指挥，不准擅自启动任何行走、回转动作。在整个起吊过程中，两台起重机的吊钩滑车组必须保持垂直状态。吊车指挥人员必须持有效指挥证。

1.4.23 钢筋笼吊装需人员扶持时，人员应相互配合，尤其是在吊入槽段口时，除注意钢筋笼牵带外，还需要注意槽段口的安全。

1.4.24 起重机械吊运导管及其他物件，也应按起重作业安全操作技术，必须严格遵守"十不吊"的规定。防止起重伤害事故的发生；经常检查各种卷扬机、吊车钢丝绳的磨损程度，并按规定及时更新。

1.4.25 水下混凝土浇筑时，机械设备必须经常性检修维护，保证机件能够运转正常，操作灵活，按钮开关、钢丝绳、吊钩等不得带病作业。

1.4.26 锁口管应随用随吊，不用时应平放在地面上。

1.4.27 要与当地居民及有关单位协调好关系，保持良好的周边施工环境。注意控制噪声，保证周围环境清洁，不影响附近居民生活、工作，实行封闭施工。设门卫值班，派专人每天对围挡及场地进行清扫。

2 锚杆

《岩土锚杆与喷射混凝土支护工程技术规范》
（GB 50086—2015）

2.1 施工要点

2.1.1 预应力锚杆

1. 一般规定

（1）锚杆工程施工前，应根据锚固工程的设计条件、现场地层条件和环境条件，编制出能确保安全及有利于环保的施工组织设计。

（2）施工前应认真检查原材料和施工设备的主要技术性能是否符合设计要求。

（3）在裂隙发育以及富含地下水的岩层中进行锚杆施工时，应对钻孔周边孔壁进行渗水试验。当向钻孔内注入 0.2～0.4MPa 压力水 10min 后，锚固段钻孔周边渗水速率超过 0.01m³/min 时，应采用固结注浆或其他方法处理。

2. 钻孔

（1）锚杆钻孔应符合下列规定：

1）钻孔应按设计图所示位置、孔径、长度和方向进行，并应选择对钻孔周边地层扰动小的施工方法；

2）钻孔应保持直线和设定的方位；

3）向钻孔安放锚杆杆体前，应将孔内岩粉和土屑清洗干净。

（2）在不稳定土层中，或地层受扰动导致水土流失会危及邻近建筑物或公用设施的稳定时，宜采用套管护壁钻孔。

（3）在土层中安设的荷载分散型锚杆和可重复高压注浆型锚杆宜采用套管护壁钻孔。

3. 杆体的制作、存储及安放

（1）杆体的组装和保管应符合下列规定：

1）杆体组装宜在工厂或施工现场专门作业棚内的台架上进行；

2）杆体应按设计图所示的形状、尺寸和构造要求进行组装，居中隔离架的间距不宜大于 2.0m；杆体自由段应设置隔离套管，杆体处露于结构物或岩土体表面的长度应满足地梁、腰梁、台座尺寸及张拉锁定的要求；

3）荷载分散型锚杆杆体结构组装时，应对各单元锚杆的外露端做出明显的标记；

4）在杆体的组装、存放、搬运过程中，应防止筋体锈蚀、防护体系损伤、泥土或油渍的附着和过大的残余变形。

（2）杆体的安放应符合下列要求：

1）根据设计要求的杆体设计长度向钻孔内插入杆体；

2）杆体正确安放就位至注浆浆体硬化前，不得被晃动。

4. 注浆

（1）注浆设备与工艺应符合下列规定：

1）注浆设备应具有 1h 内完成单根锚杆连续注浆的能力；

2）对下倾的钻孔注浆时，注浆管应插入距孔底 300～500mm 处；

3）对上倾的钻孔注浆时，应在孔口设置密封装置，并应将排气管内端设于孔底。

（2）注浆液的制备应符合下列规定：

1）注浆材料应根据设计要求确定，并不得对杆体产生不良影响，对锚杆孔的首次注浆，宜选用水灰比为 0.5～0.55 的纯水泥浆或灰砂比为 1：0.5～1：1 的水泥砂浆。对改善注浆材料有特殊要求时，可加入一定量的外加剂或外掺料；

2）注入水泥砂浆浆液中的砂子直径不应大于 2mm；

3）浆液应搅拌均匀，随搅随用，浆液应在初凝前用完。

（3）采用密封装置和袖阀管的可重复高压注浆型锚杆的注浆还应遵守下列规定：

1）重复注浆材料宜选用水灰比为 0.45～0.55 的纯水泥浆；

2）对密封装置的注浆应待初次注浆孔口溢出浆液后进行，注浆压力不宜低于 2.0MPa；

3）一次注浆结束后，应将注浆管、注浆枪和注浆套管清洗干净；

4）对锚固体的重复高压注浆应在初次注浆的水泥结石体强度达到 5.0MPa 后，分段依次由锚固段底端向前端实施，重复高压注浆的劈开压力不宜低于 2.5MPa。

5. 张拉与锁定

（1）锚杆的张拉和锁定应符合下列规定：

1）锚杆锚头处的锚固作业应使其满足锚杆预应力的要求；

2）锚杆张拉时注浆体与台座混凝土的抗压强度值不应小于表 2.1.1 中的规定；

3）锚头台座的承压面应平整，并与锚杆轴线方向垂直；

4）锚杆张拉应有序进行，张拉顺序应防止邻近锚杆的相互影响；

5）张拉用的设备、仪表应事先进行标定；

6）锚杆进行正式张拉前，应取 0.1～0.2 的拉力设计值，对锚杆预张拉 1～2 次，使杆体完全平直，各部位的接触应紧密；

7）锚杆的张拉荷载与变形应做好记录。

表 2.1.1　锚杆张拉时注浆体与台座混凝土的
抗压强度值

MPa

锚杆类型		抗压强度值	
		注浆体	台座混凝土
土层锚杆	拉力型	15	20
	压力型和压力分散型	25	20
岩石锚杆	拉力型	25	25
	压力型和压力分散型	30	25

锚杆按规范验收试验规定，通过多循环或单循环验收试验后，应以 50～100kN/min 的速率加荷至锁定荷载值锁定。锁定时张拉荷载应考虑锚杆张拉作业时预应力筋内缩变形、自由段预应力筋的摩擦引起的预应力损失的影响。

（2）荷载分散型锚杆的张拉锁定应遵守下列规定：

1）当锁定荷载等于锚杆拉力设计值时，宜采用并联千斤顶组对各单元锚杆实施等荷载张拉并锁定；

2）当锁定荷载小于锚杆拉力设计值时，也可采用由钻孔底端向顶端逐次对各单元锚杆张拉后锁定，分次张拉的荷载值的确定，应满足锚杆承受拉力设计值条件下各预应力筋受力均等的原则。

2.1.2　低预应力锚杆和非预应力锚杆

（1）钻孔应按设计图所示的位置、孔径、长度和方位进行，并不得破坏周边地层。

（2）低预应力或非预应力锚杆的杆体制作与安放应符合下列规定：

1）严格按设计要求制备杆体、垫板、螺母等锚杆部件，除摩擦型锚杆外，杆体上应附有居中隔离架，间距不应大于 2.0m；

2）锚杆杆体放入孔内或注浆前，应清除孔内岩粉、土屑和积水。

（3）低预应力或非预应力锚杆注浆尚应符合下列规定：

1）根据锚孔部位和方位，可先注浆后插杆或先插杆后注浆；

2）先注浆后插杆时，注浆管应插入孔底，然后拔出 50～100mm 开始注浆，注浆管随浆液的注入缓慢匀速拔出，使孔内填满浆液；

3）对仰斜孔先插杆后注浆时，应在孔口设置止浆器及排气管，待排气管或中空锚杆空腔出浆时方可停止注浆；

4）当遇塌孔或孔壁变形，注浆管插不到孔底时，应对锚杆孔进行处理或择位补打锚孔；

5）自钻式锚杆宜采用边钻边注水泥浆工艺，直至钻至设计深度。

（4）锚杆安装后，在注浆体强度达到 70% 设计强度前，不得敲击、碰撞或牵拉。

2.1.3　喷射混凝土

1. 施工设备

（1）干拌法喷射混凝土机的性能应符合下列要求：

1）密封性能应良好，输料应连续均匀；

2）生产能力（混合料）应为 3～5m³/h，允许输送的骨料最大粒径应为 20mm；

3）输送距离（混合料）水平不应小于 100m，垂直不应小于 30m。

（2）湿拌法喷射混凝土机的性能应符合下列要求：

1）密封性能良好，输料应连续均匀；

2）生产率应大于 5m³/h，允许输送的骨料最大粒径应为 15mm；

3）混凝土输送距离水平不应小于 30m，垂直不应小于 20m；

4）机旁粉尘应小于 10mg/m³。

（3）干拌法喷射混凝土用空气压缩机的供风量不应小于 9m³/min；泵送型湿拌法喷射混凝土用空气压缩机的供风量不应小于 4m³/min；风送型湿拌法喷射混凝土机的供风量不应小于 12m³/min；空气压缩机应具有完善的油水分离系统，压缩空气出口温度不应高于 40℃。

（4）输料管应能承受 0.8MPa 以上的压力，并应有良好的耐磨性能。

（5）干拌法喷射混凝土施工供水设施应满足喷头处的水压不小于 0.15MPa。

2．混凝土搅拌

（1）混合料搅拌前，应按照混合料配合比对各种原材料严格称量并应满足表 2.1.3-1 的要求。

表 2.1.3-1　原材料允许偏差　　　　　　%

名称	允许偏差
胶凝材料、外加剂、钢纤维	2（质量）
骨料	3（质量）
钢纤维	5（长度）

（2）混合料应采用机械搅拌，所采用的材料应拌和均匀，搅拌时间不得少于 120s，湿拌混合料的搅拌宜在工厂或现场专门的混凝土搅拌站完成。

（3）掺入钢纤维的混合料，钢纤维应分布均匀，不得成团，宜采用粘结成排的钢纤维。

3. 喷射作业

（1）喷射作业现场应做好下列准备工作：

1）拆除作业面障碍物，清除开挖面的浮石、泥浆、回弹物及岩渣堆积物；

2）埋设控制喷射混凝土厚度的标志（厚度控制钉、喷射线）；

3）喷射机司机与喷射手不能直接联系时，应配备联络装置；

4）作业区应有良好的通风和足够的照明装置；

5）喷射作业前应对机械设备、风水管路、输料管路和电缆线路等进行全面的检查及试运转。

（2）受喷面有滴水淋水时喷射前应按下列方法做好治水工作：

1）有明显的出水点时可埋设导管排水；

2）导水效果不好的含水岩层可设盲沟排水；

3）竖井淋帮水可设截水圈排水；

4）采用湿拌法喷射时宜备有液态速凝剂，并应检查速凝剂的泵送及计量装置性能。

（3）喷射作业应符合下列规定：

1）喷射作业应分段分片进行，喷射顺序应由上而下；

2）对受喷岩面应用压力水预先湿润，对遇水易潮解的岩层，可用压力风清除岩面的松石、浮渣和尘埃；

3）在大面积喷射作业前应先对岩面上出露的空洞、凹穴和较宽的张开裂隙进行喷射混凝土充填；

4）喷嘴指向与受喷面应保持90°夹角；

5）喷嘴与受喷面的距离不宜大于1.5m；

6）素喷混凝土一次喷射厚度应符合表2.1.3-2的规定。

表2.1.3-2 素喷混凝土一次喷射厚度 mm

喷射方法	部位	掺速凝剂	不掺速凝剂
干拌法	边墙	70～100	50～70
	拱部	50～60	30～40
湿拌法	边墙	80～150	—
	拱部	60～100	—

7）分层喷射时，后层喷射应在前层混凝土终凝后进行，若终凝1h后进行喷射，则应先用风水清洗喷层表面；

8）喷射作业紧跟开挖工作面时，下一循环爆破作业应在混凝土终凝3h后进行。

（4）施工喷射混凝土面层的环境条件应符合下列要求：

1）在强风条件下不宜进行喷射作业，或应采取防护措施；

2）永久性喷射混凝土喷射作业宜避开炎热天气，适宜喷射作业的环境温度与喷射混凝土表面蒸发量应符合表2.1.3-3的要求。

表2.1.3-3 环境温度与喷射混凝土表面蒸发量

项目	容许范围
环境温度	5～35℃
混合料温度	10～30℃
喷层表面蒸发量	<1.0kg/（m²·h）

（5）喷射混凝土混合料拌制后至喷射的最长间隔时间应符合表 2.1.3-4 的规定。

表 2.1.3-4　混合料拌制后至喷射的最长间隔时间

拌制方法	拌制中混合料中有无速凝剂	环境温度/℃	喷射前混合料最长停放时间/min
湿拌	无	5～30	120
	无	>30～35	60
	有	5～30	20
干拌	无	5～30	90
	有	>30～35	10
	无	>30～35	45

（6）在喷射过程中，应对分层、蜂窝、疏松、空隙或砂囊等缺陷进行铲除和修复处理。

（7）喷射混凝土养护应符合下列规定：

1）宜采用喷水养护，也可采用薄膜覆盖养护。喷水养护应在喷射混凝土终凝后 2h 进行，养护时间不应少于 5d；

2）气温低于 5℃时不得喷水养护。

（8）喷射混凝土冬期施工应符合下列规定：

1）喷射作业区的气温不应低于 5℃；

2）混合料进入喷射机的温度不应低于 5℃；

3）喷射混凝土强度在下列情况时不得受冻：

① 用普通硅酸盐水泥配制的喷射混凝土强度低于设计强度的 30％时；

② 用矿渣水泥配制的喷射混凝土强度低于设计强度的 40％时。

4）不得在冻结面上喷射混凝土，也不宜在受喷面温度低于 2℃时喷射混凝土；

5）喷射混凝土冬期施工的防寒保护可采用毯子或在封闭的帐篷内加温等措施。

（9）钢筋网喷射混凝土施工应符合下列规定：

1）钢筋使用前应清除污锈；

2）钢筋网宜在受喷面喷射一层混凝土后铺设，钢筋与壁面的间隙宜为 30mm；

3）采用双层钢筋网时，第二层钢筋网应在第一层钢筋网被混凝土覆盖后铺设；

4）钢筋网应与锚杆或其他锚定装置连接牢固，喷射时钢筋不得晃动；

5）喷射时应适当减小喷头与受喷面的距离；

6）清除脱落在钢筋网上的疏松混凝土。

（10）刚架喷射混凝土施工应符合下列规定：

1）安装前应检查刚架制作质量是否符合设计要求；

2）刚架安装允许偏差横向和纵向均应为 50mm，垂直度允许偏差应为 $\pm2°$；

3）刚架立柱埋入底板深度应符合设计要求，并不得置于浮渣上；

4）刚架与壁面之间应搂紧，相邻钢架之间应连接牢靠；

5）刚架与壁面之间的间隙应用喷射混凝土充填密实；

6）喷射顺序为先喷射刚架与壁面之间的混凝土，后喷射刚架之间的混凝土；

7）除可缩性刚架的可缩节点部位外，刚架应被喷射混凝土覆盖。

4. 粉尘控制

（1）采用干法喷射混凝土施工时宜采取下列综合防尘

措施：

1）在满足混合料能在管道内顺利输送和喷射的条件下增加骨料含水率；

2）在距喷头 3～4m 输料管处增加一个水环，用双水环加水；

3）在喷射机或混合料搅拌处设置集尘器或除尘器；

4）在粉尘浓度较高地段设置除尘水幕；

5）加强作业区的局部通风；

6）采用增粘剂等外加剂。

（2）喷射混凝土作业区的粉尘浓度不应大于 $10\mathrm{mg/m^3}$，喷射混凝土作业人员应采用个体防尘用具。

2.1.4 不同部位锚固支护施工

1. 隧道与地下工程锚喷支护

（1）隧洞洞室的开挖应有利于充分保护围岩的完整性，减少对围岩的扰动与破坏。分期开挖应减少洞室之间的相互干扰和扰动。

（2）隧洞洞室开挖方案应与锚喷支护方式协调配套，锚喷支护施工，应采用有利于缩小岩体裸露面积和缩短岩体裸露时间的施工程序和方法。

（3）隧洞洞室设计轮廓面的开挖应采用光面爆破或预裂爆破技术，主要钻爆参数应通过试验确定，并按施工中的爆破效果及时优化调整。

（4）对下列情况的隧洞洞室开挖与锚喷支护施工应符合下列规定：

1）土体及不良地质地段或Ⅳ～Ⅴ级围岩中的隧洞洞室，开挖前宜采用必要的"超前灌浆"和"超前支护"措施，开挖时应采用"短进尺、强支护"和边挖边护的方法施工；

2）在地下水出露较丰的地层中开挖隧洞洞室，事先应做好地下水整治工作。

（5）大型洞室（群）的开挖应符合下列规定：

1）应采用自上而下分层开挖的方法，分层开挖高度宜为6～8m，不宜超过10m；对于高地应力区，应减少台阶的开挖高度；

2）顶部开挖宜采用先导洞后扩挖的方法，导洞的位置及尺寸可根据地质条件和施工方法确定，导洞开挖后应立即施作锚喷支护；

3）中、下部岩体宜采用分层开挖、两侧预裂、中间拉槽的开挖爆破方式；

4）当采用上下或两侧结合、中间预留岩埂的开挖方式时，应先做好上下或两侧已开挖部位围岩的锚喷支护措施，然后对预留岩埂采用分段边挖边支护的开挖方式，应避免岩埂应力集中释放导致洞室失稳或位置突变；

5）平行布置的洞室，应按在时空上错开的原则开挖，采用对穿锚固时，相邻洞室的错开步距应有利于对穿锚固的及时施工；

6）洞室交叉部位宜采用"小洞贯大洞，先洞后墙"的开挖方式。

（6）隧洞洞室开挖施工，应采取有效措施防止爆破对已开挖洞室围岩的锚喷支护结构的振动损坏，其质点安全振动速度应经现场试验确定并予以控制。

2. 边坡锚固工程施工

（1）一般规定。

1）边坡锚固工程施工应根据相关设计图纸、文件、总体规划、施工环境、工程地质和水文地质条件，编制合理、可行、有效和确保施工安全的施工组织设计。

2）边坡工程的临时性排水设施应满足暴雨、地下水的排泄要求，有条件时宜结合边坡工程的永久性排水设施施工。排水设施应先行施工，避免雨水对边坡工程可能产生的不利影响。

3）边坡开挖施工，应做好坡顶锁口、坡底固脚工作。

（2）边坡爆破施工。

1）岩石边坡开挖采用爆破施工时，应采取有效措施避免对边坡和坡顶建（构）筑物的爆破，质点振动速度应满足现行国家标准《爆破安全规程》（GB 6722）的有关规定。

2）岩质边坡开挖应采用控制爆破。

3）边坡开挖爆破前，应做好爆破设计，并应事先做好对爆破影响区域内的建（构）筑物安全状态的调查检测和埋设监测爆破影响的测点。

4）对爆破危险区域内的建（构）筑物应采取安全防护措施。

（3）边坡锚杆施工。

1）边坡锚杆钻孔应采用干钻。当边坡的岩土体稳定性较好时，经充分论证许可，方可采用带水钻进。

2）对严重破碎、易塌孔或存在空腔、洞穴的地层中钻孔，可先进行预灌浆处理，或采用跟管钻进成孔。

3）钻孔作业，宜采用加强钻机固定、确保开孔精度、增加钻杆冲击器刚度和增设扶正器等方式，控制钻孔偏斜。

4）锚杆的杆体制备、钻孔、注浆和张拉锁定应遵守规范相关规定。

5）边坡锚杆的质量检查与验收标准应符合规范的相关规定。

（4）基坑锚固施工与检验。

1）土钉及复合土钉支护施工应与降水、挖土等作业紧密协调、配合，并应满足下列要求：

① 挖土分层厚度与土钉竖向间距一致，每开挖一层施作一层土钉，禁止超挖；

② 及时封闭临空面，应在 24h 内完成土钉安设和喷射混凝土面层施工，软弱土层中，则应在 12h 内完成；

③ 每排土钉完成注浆后，应至少养护 48h，待注浆体强度达到设计允许值时，预应力锚杆应张拉锁定后，方可开挖下一层土方；

④ 施工期间坡顶应按设计要求控制施工荷载。

2）钻孔注浆型钢筋土钉的施工应满足下列要求：

① 孔位误差应小于 50mm，孔径不得小于设计值，倾角误差应小于 2°，孔深不应小于土钉设计长度＋300mm；

② 钢筋土钉沿周边焊接对中支架，对中支架宜用直径 6～8mm 钢筋或厚度 3～5mm 扁铁弯成，其间距宜为 1.5～2.5m；注浆管与钢筋土钉虚扎后同时插入钻孔底部；

③ 土钉注浆可采用水泥砂浆或水泥浆，水泥浆水灰比不宜大于 0.5，注浆完成后孔口应及时封闭。

3）打入钢管型土钉应满足下列要求：

① 打入钢管型土钉应按设计要求钻设注浆孔和焊接倒刺，并应将钢管前端部加工成封闭式尖锥状；

② 土钉定位误差应小于 50mm，打入深度误差应小于 100mm，打入角度误差应小于 2°；

③ 钢管内压注水泥浆液的水灰比宜为 0.4～0.5，注浆压力大于 0.6MPa，平均注浆量应满足设计要求。

4）钢筋网片施工应满足下列要求：

① 钢筋网片材料及施工工艺应符合规范要求；

② 钢筋网片与加强连系筋交接部位应绑扎或焊接牢固。

5）喷射混凝土面层施工应满足下列要求：

① 喷射混凝土材料及施工工艺应符合规范要求；

② 喷射混凝土应在终凝后洒水养护，冬期施工时应采取覆盖保温措施。

6）雨期施工应保持坑边地表及坑底坡脚一定范围内的排水系统畅通。

7）对施工完成的土钉、预应力锚杆及支护面层均应进行相关试验和质量检验。

8）土钉与土间界面的极限粘结强度应经现场拉拔试验确认。当拉拔试验值与设计采用值差别较大时应对设计进行调整。对每种土层，土钉拉拔试验数量不宜小于 3 根。

（5）基础与混凝土坝锚杆的施工、试验与监测。

1）基础与混凝土坝预应力锚杆的施工应符合下列规定：

① 锚杆孔偏斜值不应大于钻孔长度的 1‰；

② 锚杆孔不得欠深，终孔深宜大于设计孔深 40～100cm；

③ 对承载力设计值大于 3000kN 的锚杆，按规范验收并被判定质量合格后，宜在加荷至锁定荷载的 60% 和 80% 时，分别持荷 2d～5d，再张拉至 100%锁定荷载；

④ 在间隔分布张拉锁定阶段，锚杆拉力暂时锁定后应立即对锚具、钢绞线涂抹防腐油脂并用柔性护罩防护。锚杆拉力最终锁定后应按设计要求安装镀锌钢罩，并应在钢罩内充满油脂。

2）混凝土坝锚固工程应进行锚杆的基本试验；锚杆的多循环张拉验收试验数量不应小于锚杆总数的 10%，并不得少于 5 根。

3）混凝土坝锚杆工程应进行锚杆拉力值变化的长期监测，监测锚杆的数量不应小于锚杆总量的 15%，并不得少于 5 根。

（6）抗浮锚杆的施工。

1）抗浮锚杆宜在主体结构基础施工前进行施工，在地下水有效控制的情况下，也可在主体结构地下室内进行施工。

2）降水条件下，应避免抽水对锚杆注浆的不利影响，在所有锚杆张拉锁定完成前，不应停止降水。

3）预应力抗浮锚杆张拉锁定应符合规范要求。

2.2　质量控制措施

2.2.1　施工质量控制措施

（1）锚杆施工全过程中，应认真做好锚杆的质量控制检验和试验工作。

（2）锚杆的位置、孔径、倾斜度、自由段长度和预加力，应符合规范要求。

（3）对不合格的锚杆，若具有能二次高压灌浆的条件，应进行二次灌浆处理，待灌浆体达到 75% 设计强度时再按验收试验标准进行试验；否则应按实际达到的试验荷载最大值的 50%（永久性锚杆）或 70%（临时性锚杆）进行锁定，该锁定荷载可按实际提供的锚杆承载力设计值予以确认。

（4）按不合格锚杆所在位置或区段，核定实际达到的抗力与设计抗力的差值，并应采取增补锚杆的方法予以补足至该区段原设计要求的锚杆抗力值。

2.2.2　原材料与混合料质量控制应符合下列规定：

（1）每批材料到达工地后应进行质量检查合格后方可

使用。

（2）喷射混凝土混合料的配合比以及拌和的均匀性，每工作班检查次数不得少于 2 次，条件变化时应重新检查。

2.2.3 结构性喷射混凝土应进行抗压强度和粘结强度试验，必要时，尚应进行抗弯强度、残余抗弯强度（韧性）、抗冻性和抗渗性试验。喷射混凝土抗压强度和粘结强度试验的试件数量、试验方法及合格标准应遵守最新规范规定。

2.2.4 喷射混凝土层的厚度、抗压强度、粘结强度、表面平整度和表面质量应符合最新规范规定。

2.2.5 施工前的准备工作

施工前的准备工作包括施工前的调查和施工组织设计两部分。施工前的调查为施工组织设计提供必要资料，主要包括以下内容：

（1）锚固工程计划、设计图、边坡岩土性状等资料是否齐全。

（2）施工场地调查，施工对交通的影响情况。

（3）施工用水、用电条件调查。

（4）边坡工程周边可能对施工造成影响的何种状态调查。

（5）作业限制、环保法规或地方令对施工造成的影响。

（6）其他条件的调查，如施工便道、气象、安全等条件的调查。

2.2.6 测量定位质量控制措施

测量定位在误差范围内，尤其是每排锚杆张拉底座采用钢梁时，必须保证每排锚杆在同一标高上，否则张拉时钢梁安装无法施工。

2.2.7 钻机就位质量控制措施

钻机就位时钻头对准孔位、孔深、角度。孔径可以通过度量钻头来控制。孔深可以根据单根钻杆的长度和钻杆的根数计算控制，其实也可以在锚杆安放时控制孔深，满足设计长度的锚杆能够顺利安放到对应的孔内，说明孔深满足质量要求。角度在钻机就位时控制。

2.2.8 成孔质量控制措施

采用机械螺旋钻机成孔，局部可采用人工洛阳铲成孔。①在钻进过程中应合理掌握钻进参数和钻进速度，防止出现埋钻、卡钻等各种孔内事故；对土层锚杆的自由段钻进速度可稍快，对锚固段则应稍慢一点。②采用干作业钻孔时，要掌握钻进速度，避免"别钻"；钻孔完毕后，为减少孔内虚土，应先将孔内土充分倒出，再拔钻杆。③采用湿作业成孔时，注意钻进时要不断供水冲洗，始终保持孔口水位，并根据地质条件控制钻进速度，一般以 300～400mm/min 为宜，每节钻杆钻进后在接钻杆前，一定要用水反复冲洗孔底沉渣，直到溢出清水为止，然后拔出钻杆。

2.2.9 锚杆制作质量控制措施

控制锚杆制作质量，首先明确制作锚杆的组成部分：锚杆主杆体、对中支架、注浆管。

锚杆主杆体分为锚固段和自由段，长度需考虑锚头张拉和制作长度。自由段控制隔离剂涂抹均匀饱满和套管的质量（常用 PVC 管），保证自由段与浆体隔离。主杆材料为螺纹钢，单根钢筋长度通常为 9m，长度大于 9m 的锚杆主杆需要钢筋连接，连接方式分为焊接和直螺纹对接，普通螺纹钢采用焊接，精轧螺纹钢采用专用精轧连接器直螺纹连接。焊接控制焊缝质量和搭接长度（单面焊 10d，双面焊 5d），直螺纹连接控制连接器所连接的两根钢筋进入连接器两头的尺寸相等，并且连接器和所连接的钢筋拧紧。

对中支架材料为盘圆，制作焊于主杆体锚固段上，主要控制支架大小和间距。

注浆管分为一次注浆管和二次注浆管，一次注浆管材料为塑料管，二次注浆管为无缝钢管或外侧部分无缝钢管与内侧部分塑料管连接。一次注浆管绑在锚杆上，不得绑扎太紧，否则注浆后不易拔出，也不得绑扎太松，否则下放锚杆时容易脱落。二次注浆管锚固段部分为花管，控制花孔孔径和间距满足设计要求，外侧钢管套丝均匀，满足二次注浆时安装球阀，管的两头和花孔均用胶布封死，防止一次注浆时浆液进入二次注浆管内。

制作好的锚杆成品堆放整齐有序，防止堆放时将注浆管破坏和封口的胶布损坏。

2.2.10 锚杆安放质量控制措施

锚杆安放前搬运主要依靠工人扛抬在边坡上搬运。搬运前仔细核对所搬运的锚杆长度与即将进入所对应设计孔位的锚孔深度是否相符，确认无误，才能组织人员抬至孔口。搬运时，不得损坏锚索杆各部位，凡有损伤必须修复。

锚杆入孔有两种形式：①制作好的锚杆一次性放入孔内；②锚杆孔口搭接，搭接一节向孔内安放一节。入孔安放时，应防止锚杆挤压、弯曲或扭转。锚索杆入孔的倾角和方位应与锚孔的倾角和方位一致，要求平顺推送。锚杆安装先慢慢入孔，摆正方向，然后加快速度推送，依靠锚杆重力及惯性下滑。尽量不要停顿，严禁抖动、扭转和窜动。如中间卡住，可稍拔出一点再下推，直至下到设计深度。若遇锚杆进孔困难，用高压风吹洗孔一次，若还不行，再用钻进冲孔、扣孔，直到锚杆入孔安装就位为止。安装完成后，不得

36

随意敲击锚筋或悬挂重物。

2.2.11　一次注浆质量控制措施

下放锚杆后，立即按照设计配合比进行注浆。压浆前应对压浆设备、压浆管、注浆管等进行检查，确保完好、畅通。在管路连接后可用清水压注检查，确保设备和管路运转正常，无漏浆、爆管等问题发生。

注浆采用孔底返浆法，全段一次性注浆，防止中途停止较长时间。注浆至锚孔孔口溢出浆液时，方可停止注浆。边注浆边抽拔注浆管，保证管口埋于浆液内，实际注浆量一般要大于理论注浆量，且将孔口浆液溢出浓度作为注浆结束的标准。如发现孔口浆面回落，应在 30min 内进行孔口压注补浆 2～3 次，确保孔口浆体充满。

2.2.12　二次注浆质量控制措施

二次注浆采用双控法，满足设计注浆量和设计注浆压力。

2.2.13　张拉质量控制措施

锚杆张拉分为五级进行，每级荷载分别为锁定拉力的 0.25 倍、0.5 倍、0.75 倍、1.0 倍、1.2 倍，除最后一级需要稳定 10～20min 外，其余每级需要稳定 5min，并分别记录每一级锚杆的伸长量，在每一级稳定时间内必须测读锚头位移三次。张拉稳定后，卸荷至锁定荷载锁定锚杆。

2.3　质量检查与验收

2.3.1　一般规定

（1）岩土锚固与喷射混凝土支护工程施工过程及竣工后，应按设计要求和质量合格条件的分部分项进行质量检验和验收。

（2）工程施工中对检验出不合格的预应力锚杆或喷射混凝土面层应根据不同情况分别采取增补、更换或修复的方法处治。

2.3.2 质量检验与验收标准

（1）原材料及产品质量检验应包括下列内容：

1）出厂合格证检查；

2）现场抽检试验报告检查；

3）锚杆浆体强度、喷射混凝土强度检验。

（2）预应力锚杆的受拉承载力检验及喷射混凝土抗压强度与粘结强度检验应符合规范规定。

（3）锚杆工程质量检查与验收标准应符合表 2.3.2-1 的规定。

表 2.3.2-1　锚杆工程质量检查与验收标准

项目	序号	检验项目		允许偏差或允许值	检查方法
主控项目	1	杆体长度/mm		+100 −30	用钢尺量 无损检查
	2	预应力锚杆承载力极限值/kN		符合验收标准	现场试验
	3	预应力锚杆预加力（锁定荷载）变化/kN		符合规范要求	测力计量测
	4	锚固结构物的变形		符合设计要求	现场量测
一般项目	1	锚杆位置/mm		±100	用钢尺量
	2	钻孔直径/mm		±10（设计直径>60） ±5（设计直径<60）	用卡尺量
	3	钻孔倾斜度/mm		2%钻孔长	现场测量
	4	注浆量		不小于理论计算浆量	检查计量数据
	5	浆体强度		达到设计要求	试样送检
	6	杆体插入钻孔长度	预应力锚杆	不小于设计长度的97%	用钢尺量
			非预应力锚杆	不小于设计长度的98%	

38

（4）喷射混凝土工程质量检查与验收标准应符合表2.3.2-2的规定，厚度的检查应符合下列规定：

1）控制喷层厚度应预埋厚度钉、喷射线，喷射混凝土厚度应采用钻孔法检查；

2）喷层厚度检查点密度：结构性喷层为 100m²/个，防护性喷层为 400m²/个，隧洞拱部喷层为 50～80m²/个；

3）喷层厚度合格条件：用钻孔法检查的所有点中应有60％的喷层厚度不小于设计厚度，最小值不应小于设计厚度的 60％，检查孔处喷层厚度的平均值不应小于设计厚度。

表 2.3.2-2　喷射混凝土工程质量检查与验收标准

项目	序号	检验项目	允许偏差或允许值	检查方法
主控项目	1	配合比	达到设计强度要求	现场称重
	2	喷射混凝土抗压强度/kPa	达到设计要求	根据规范规定
	3	喷射混凝土与岩石粘结强度	不得空鼓，达到设计要求	用锤击法检验
	4	喷射混凝土厚度/mm	−30（设计厚度≥100）−20（设计厚度＜100）	根据规范规定
一般项目	1	表面质量	密实、平整、无裂缝、脱落、漏喷、露筋、空鼓和渗漏水	观察检查

2.3.3　验收

岩土锚固与喷射混凝土支护工程验收应取得下列资料：

（1）工程勘察及工程设计文件。

（2）工程用原材料的质量合格证和质量鉴定文件。

（3）锚杆喷射混凝土工程施工记录。

（4）隐蔽工程检查验收记录。

（5）锚杆基本试验、验收试验记录及相关报告。

（6）喷射混凝土强度（包括喷射混凝土与岩体粘结强度）及厚度的检测记录与报告。

（7）设计变更报告。

（8）工程重大问题处理文件。

（9）监测设计、实施及监测记录与监测结果报告。

（10）竣工图。

2.4　安全控制措施

2.4.1　施工中，定期检查电源线路和设备的电器部件，确保用电安全。

2.4.2　喷射机、水箱、风包、注浆罐等应进行密封性能和耐压试验，合格后方可使用。

2.4.3　注浆施工作业中，要经常检查出料弯头、输料管、注浆管和管路接头等有无磨薄、击穿或松脱现象，发现问题，应及时处理。

2.4.4　处理机械故障时，必须使设备断电、停风。向施工设备送电、送风前，应通知有关人员。

2.4.5　向锚杆孔注浆时，注浆罐内应保持一定数量的砂浆，以防罐体放空，砂浆喷出伤人。

2.4.6　非操作人员不得进入正进行施工的作业区。施工中，喷头和注浆管前方严禁站人。

2.4.7　施工操作人员的皮肤应避免和速凝剂、树脂胶泥直接接触，严禁树脂卷接触明火。施工过程中指定专人加强观察，定期检查锚杆抗拔力，确保安全。

2.4.8 锚杆安设后不得随意敲击，其端部 3 天内不得悬挂重物，在砂浆凝固前，确实做好锚杆防护工作，防止敲击、碰撞、拉拔杆体和在加固下方开挖；粘结锚杆用水泥砂浆强度达到 80％以上后，才能进行锚杆外端部弯折施工。

2.4.9 进入施工作业区必须戴好安全帽，施工人员要随时观察洞口及路面地形变化，一旦有异常，马上通知人员撤离至安全区，严禁冒险作业。

2.4.10 对于正在作业的路段，在路口树立醒目的施工标志牌，提醒过往行人、车辆，以免行人、车辆在开挖区内行驶。

2.4.11 喷射混凝土的施工安全应符合下列要求：

（1）施工前应认真检查和处理作业区的危石，施工机具应布置在安全地带。

（2）喷射混凝土施工用的工作台架应牢固可靠并应设置安全栏杆。

（3）施工中应定期检查电源线路和设备的电器部件。

（4）喷射作业中处理堵管时，应将输料管顺直，应紧按喷头，疏通管路的工作风压不得超过 0.4MPa。

（5）非操作人员不得进入正在作业的区域，施工中喷头前方不得站人。

（6）喷射钢纤维混凝土施工中应采取措施防止回弹伤害操作人员。

3 钻孔灌注桩排桩

3.1 施工要点

3.1.1 排桩在施工前应进行试成孔，试成孔数量应根据工程规模及施工场地地质情况确定，且不宜少于 2 个。

3.1.2 桩孔净距过小或采用多台钻机同时施工时，相邻桩应间隔施工，完成浇筑混凝土的桩与邻桩间距不应小于 4 倍桩径，或间隔施工时间宜大于 36h。

3.1.3 排桩顶应充分泛浆，泛浆高度不应小于 500mm，设计桩顶标高接近地面时桩顶混凝土泛浆应充分，凿去浮浆后桩顶身混凝土强度等级应满足设计要求。水下灌注混凝土时混凝土强度应比设计桩身强度提高等级进行配制。

3.1.4 灌注桩排桩外侧隔水帷幕应符合下列要求：

（1）宜采用单轴水泥搅拌桩、双轴水泥搅拌桩、三轴水泥搅拌桩作为隔水帷幕。

（2）隔水帷幕与灌注桩排桩间净距不宜大于 200mm。双轴水泥搅拌桩搭接长度不应小于 200mm，三轴水泥搅拌桩应采用套接一孔法施工。

（3）遇明（暗）浜时，宜适当提高隔水帷幕水泥掺量比 3%～5%。

3.1.5 特殊情况下采用高压旋喷桩作为局部止水帷幕时，应符合下列要求：

（1）应先施工灌注桩，再施工高压旋喷桩。

（2）旋喷桩采用复喷工艺，每立方米水泥掺入量不应小于 450kg，旋喷桩喷浆下沉及提升速度不大于 10cm/min。

（3）桩与桩之间搭接长度不应小于 300mm，垂直度偏差不应大于 1/150。

3.1.6 对灌注桩桩身范围内存在较厚的粉性土、砂土层时，灌注桩施工应符合下列要求：

（1）宜适当提高泥浆相对密度与黏度，必要时采用膨润土泥浆护壁。

（2）砂性严重的土层，灌注桩应采用套打工艺，先施工止水帷幕，对土体加固后再进行排桩施工。

3.1.7 对非均匀配筋的钢筋笼吊放安装时，应保证钢筋笼的安放方向与设计方向一致。

3.2 质量控制措施

3.2.1 灌注桩排桩施工质量控制应符合下列规定：

（1）桩位偏差轴线及垂直轴线方向均不宜大于 50mm。

（2）孔深偏差不应大于 300mm，孔底沉渣应不大于 200mm 厚度。

（3）桩身垂直度偏差不应大于 1/150，桩径偏差不应大于 30mm。

3.2.2 为确保安全生产，对钻孔灌注桩工程制定以下施工技术措施：

1. 孔口护筒的制作、埋设

（1）孔口护筒的功能和作用、埋设。孔口护筒起导正钻具、控制桩位、保护孔口、隔离地表水渗漏、防止地表土和杂填土坍塌、保持孔内水头高度、固定钢筋笼等作用。

（2）护筒的制作。护筒应不漏水、内无突出物、具有一定的刚度，护筒内径一般比桩径大 200～400mm。一般钢护筒 2～3m 为一节，每节靠近端头应加强（加焊钢板），焊缝应密实。

（3）护筒的埋设。护筒顶一般应高出地下水位 1.5～2.0m（对正循环回转法成孔是指护筒顶端泥浆溢出口底边高），对旱地还应高出地面 0.3m 以上。

护筒底端埋置深度上桩一般应埋入不透水层黏性土中 1.0～1.5m，对护筒周围 0.5～1.0m 范围内的砂土应挖除，夯填黏性土到护筒底 0.5m 以上（保证夯实），保证至少原生地层 2m 以上。

护筒埋设方法有压重、振动或辅助人工筒内除土等，筒口应用钢丝等固定，在灌注桩完成后拆除。

2. 护壁泥浆

（1）泥浆是桩孔施工的冲洗液，主要作用是清洗孔底、携带钻渣、平衡地层压力、护壁防塌以及润滑冷却钻头等。钻孔泥浆由水、黏土（或膨润土）和添加剂组成。

（2）泥浆材料要求。黏土要求造浆胶体率高、含砂率小、造浆率高。一般塑性指数应大于 25。造浆用水应为无污染洁净水。根据地层情况选择不同性能泥浆，并备一定量化学处理剂。

（3）泥浆循环系统。包括搅拌池、循环池、沉淀池、循环槽等，可靠近桩基附近用袋装土围筑，设置标志牌，以防跌入。

（4）泥浆性能检测，原则上应每班检测 2 次（每 4h1次），根据地质情况随时调整。

3. 钻孔

（1）设备安装和就位。钻机就位前必须对桩基附近尤其是钻机坐落处平整和加固。准备钻孔机械及配备设备的安装、水电供应的接通，钻架需坐落在钢轨或枕木上，且牢固可靠。

钻机就位后，底座不致沉陷、偏斜、位移等。对回旋钻机顶部的起吊滑轮缘、转盘中心和桩孔中心三者应在同一铅垂线上，偏差小于2cm，保证成孔位置正确。

（2）钻进成孔。钻进中应保持孔内水头高度。钻锥升降应平稳，不得挂碰护筒。钻孔应连续作业，不得中断。因故停钻时，应注意加盖保护孔口，防止落物，且不得将钻锥留在孔内，防止埋钻。开孔应慢速推进，当导向部位全部进入土层后才可全速钻进。

钻孔时，严禁孔口附近站人，以防钻锥撞击发生人身事故。

夜间施工时，应有充足的照明及警示灯。

在任何情况下，严禁施工人员进入没有护筒或其他防护设施的钻孔中处理故障。当必须下入没有护筒或其他防护设施的钻孔时，应在检查孔内无有害气体，并备齐防毒、防溺、防塌埋等安全设施后方可进行故障处理。

4. 钢筋制作及吊装

钢筋应在施工现场集中分段制作，场地要平整，吊装前应用杉木等内撑防止变形。

根据吊装能力，一般钢筋每节长度为9～11m，为保证主筋接头错开，钢筋在制作时主筋端头应错开。每节钢筋应用φ16钢筋焊吊环，最后一节钢筋入孔口应焊钢筋吊环，焊接在钢护筒上，防止钢筋在混凝土灌注中被顶升。

吊装时，吊车臂范围严禁无关人员进入，起吊要平稳。

5. 混凝土灌注

导管使用前应进行必要的水密、承压和接头抗拉等试验。漏斗底口应高出孔内水面或桩顶的必要高度，该高度至少不小于 4～6m。

混凝土的数量应能满足初次埋深和填完导管底部间隙的需要。开始灌注混凝土时，应在漏斗底口处设置可靠的隔水设施。

导管吊装，应充分考虑导管和充满导管内混凝土的总重及导管壁与导管内外混凝土的摩擦，并有一定储备。

灌注混凝土期间，配备水泵、吸泥机、高压射水管等设备。

导管应用醒目数字依次标记，混凝土灌注过程中详细记录拆管数量，并用测锤随时量测孔内混凝土面高度，保证孔内导管埋深在 2～6m 范围。

3.2.3 在钻孔过程中常遇到的问题及处理方法

1. 溶洞处理

①在孔口的周围准备一定的小片石及黏土，安排 1 台 ZL50 型装载机，一旦出现溶洞漏浆便将片石与黏土迅速铲起进行填孔；②一旦钻孔达到溶洞顶部位置时，选择小冲程以将洞顶逐渐击穿，把握好回填黏土与片石的比例；③采用小冲程轻砸，以保证黏土与片石能够充分挤进溶洞的内壁，待其形成稳定护壁，解决泥浆漏失问题后进行正常钻孔。若漏浆问题严重，用黏土及片石回填无法解决问题，则可通过直接灌注水下混凝土以解决问题。其具体操作为：在已钻孔底 0.3～0.5m 位置下导管，进行水下混凝土灌注，保证其不会下降且表面不会超过溶洞洞顶 1m 的位置后停止灌注，

当混凝土强度达到 30%～50%后，重新钻进。

2. 塌孔

塌孔主要是指孔内的水位突然下降又回升后，孔口冒出小水泡，出渣量明显增加后导致钻机负荷量加大。该现象的出现主要是因为泥浆的性能不符合要求、机具碰撞到孔壁等导致的。一旦出现塌孔，则需要查清其出现的位置。若塌孔不深，则使用黏土进行回填，高度为塌孔位置以上 2～3m，同时通过加大泥浆相对密度、加高水头以及改善泥浆性能等方法进行，尔后持续钻进；若塌孔严重，则需采用砂类土、砾石土等立即回填，若无这些材料，则选择掺入 5%～8%水泥的黏质土回填，待其稳定后重新开钻。

3. 孔内漏浆

通常，若钻孔达到透水层，因泥浆性能差、护筒周围透水、遇到小溶洞等会导致孔内漏浆。一旦护筒内的水头无法保持，通常采用在其周围回填土并夯实、加深护筒埋设位置、降低水头高度、加大泥浆相对密度以及黏度等方法以改善这一问题。若采用冲击钻进行冲孔，则可在孔内回填片石或卵石，也可适当加入一定量的水泥，并反复冲击以加强护壁的稳定性。

4. 卡钻

一般来说，卡钻通常发生于冲击钻进行钻孔的过程中，由于钻孔过程中先形成十字孔、梅花孔，冲锤磨损后没有及时补焊、孔内有异物等而导致的。卡钻时不可强行将钻孔提出，因为"探头石"而导致出现卡钻问题，则可适当下放钻头，继而强力、迅速上提，将"探头石"缩回以成功提起钻头。由于钻头穿过岩层的突变位置而造成卡钻，则先进行水下爆破处理，注意砂土底层中不可采用此方法。因机械故障使得钻头在浓泥浆里滞留较长时间导致无法提升，则需插入高压水管将泥浆置换。

5. 掉钻

掉钻产生的原因通常是钻杆过分磨损、钻锤钢丝绳过分磨损、钢丝绳卡扣螺钉松动等。在桩基钻的过程中常常会出现掉钻问题，因此需将每台钻机配备足够的打捞工具。若钻孔壁稳定，则可采用钻机将"打捞器"起吊入孔后实施打捞。打捞开展前，先采用"探针"确定钻头的具体位置，以保证打捞能够一次成功，防止起吊至空中后出现再次落孔的问题。钻孔壁发生局部坍塌导致钻头埋设的情况后，需增加孔内泥浆浓度，将旋转钻头放至安全深度的范围进行搅动，然后以"气举法"将钻头上方的沉积土、淤泥等清除干净，保证钻头露出后进行打捞工作。若孔壁存在坍塌的可能性，则需先进行加固后再进行打捞工作。

3.2.4 清孔过程中易出现的问题和处理措施

在桩基清孔的过程中，常出现的问题有塌孔、泥浆的含砂率过大以及沉渣过多等。清孔导致的塌孔原因主要在于换浆速度过快、降低泥浆密度过快等。清孔的过程中若出现塌孔，则需要按照塌孔严重的程度采取相应的措施实施处理。若塌孔不严重，则可通过加大泥浆相对密度以改善泥浆的性能，继而进行继续清孔；若塌孔严重，则需要进行回填后重新钻孔。泥浆的含砂率过大、沉渣过大等，均是由于清孔的过程中加水速度较快、水量过大或换浆过程中捞渣处理不规范等导致的。泥浆的含砂率、沉渣过大的处理方法：加大泥浆的相对密度并进行清孔，保证其符合要求。

3.2.5 灌注混凝土的过程中易出现的问题和处理措施

1. 导管堵管

出现导管堵管的问题一般是因为隔水硬球栓、硬柱塞等物被卡住而导致的。出现初灌堵管时，采取长杆冲捣、振动器振动或硬物敲打导管外侧等方法疏通。若无法疏通，则将导管拔出，去除堵塞物后重新下导管灌注。中期导管堵塞一般是因为灌注的时间过长，混凝土表面已初凝，或是因为混凝土砂石级配较差而导致的混凝土离析、混凝土中含有大块物体等导致的，处理方法：将堵塞物和导管同时拔出，进行导管的疏通。如果原先灌注的混凝土表层未完成初凝，则采用新导管插进混凝土表面 2m 以下，借助潜水泥浆泵抽净泥浆，继而采取圆杆接长小掏渣筒进入管内以清理干净。

2. 断桩

因为灌注时的导管提升失误、混凝土的供应中断、导管漏水等会造成导管中已灌注的混凝土和导管混凝土隔断，导致灌注中断，此种现象即为断桩。发生断桩后需立即停止灌注，将导管、钢筋笼拔出，以减小损失。处理方法：若断桩位置不超过设计桩的 1/3 处，则用冲击钻将已灌注部分清除，继而进行原位恢复；若处于设计桩的 1/3～2/3 时，则需要多种处理方法进行对比，选择最佳手段；若超过 2/3 处且和孔深距离小于 10m，则需进行钻孔加固护壁，然后将钻孔桩接长。若桩长超过 50m，此时出现断桩现象，需先对处理方案进行详细的论证后方可操作，不可盲目操作导致更大的损失。

3. 灌注塌孔

大的塌孔特征与钻孔期间的比较相似，可用测探仪或测锤探测，如探头达不到混凝土面高程即可证实发生塌孔。发生灌注塌孔有几种原因：护筒脚漏水；潮汐区未保持所需的水头；地下水压超过孔内水压；孔内泥浆相对密度、黏度过低；孔口周围堆放重物或机械振动。发生灌注坍塌时，如坍塌数量不大，可采用吸泥机吸出混凝土表面坍塌的泥土，如不继续塌孔，可恢复正常灌注。如塌孔仍在继续且有扩大之势，则应将导管及钢筋骨架一起拔出，用黏土或掺入 5%～8%的水泥将孔填满，待孔位周围地层稳定后再重新钻孔施工。

3.3 质量检查与验收

3.3.1 施工前应对水泥、砂、石子（如现场搅拌）、钢材等原材料进行检查，对施工组织设计中制定的施工顺序、检测手段（包括仪器、方法）也应进行检查。

3.3.2 施工中应对成孔、清渣、放置钢筋笼、灌注混凝土等进行全过程检查，人工挖孔桩尚应复验孔底持力层土（岩）性。嵌岩桩必须有桩端持力层的岩性报告。

3.3.3 施工结束后，应检查混凝土强度。并应做桩体质量及承载力的检验。

3.3.4 混凝土灌注桩的质量检验标准应符合表 3.3.4-1、表 3.3.4-2、表 3.3.4-3 的规定。

表 3.3.4-1　混凝土灌注桩钢筋笼质量检验标准　　mm

项目	序号	检查项目	允许偏差或允许值	检查方法
主控项目	1	主筋间距	±10	用钢尺量
	2	长度	±100	用钢尺量
一般项目	1	钢筋材质检验	设计要求	抽样送检
	2	箍筋间距	±20	用钢尺量
	3	直径	±10	用钢尺量

表 3.3.4-2　混凝土灌注桩质量检验标准

项目	序号	检查项目	允许偏差或允许值		检查方法
			单位	数值	
主控项目	1	桩位	见表 3.3.4-3		基坑开挖前量护筒，开挖后量桩中心线
	2	孔深	mm	+300	只深不浅，用重锤测，或测钻杆、套管长度，嵌岩桩应确保进入设计要求的嵌岩深度
	3	桩体质量检验	按基桩检测技术规范。如钻芯取样，大直径嵌岩桩应钻至桩尖下 50cm		按基桩检测技术规范
	4	混凝土强度	设计要求		试件报告或钻芯取样送检
	5	承载力	按基桩检测技术规范		按基桩检测技术规范
一般项目	1	垂直度	见表 3.3.4-3		测套管或钻杆，或用超声波探测，干施工时吊垂球
	2	桩径	见表 3.3.4-3		井径仪或超声波检测，干施工时用钢尺量，人工挖孔桩不包括内衬厚度
	3	泥浆相对密度（黏土或砂性土中）	1.15～1.20		用相对密度计测，清孔后在距孔底 50cm 处取样

51

项目	序号	检查项目	允许偏差或允许值		检查方法
			单位	数值	
一般项目	4	泥浆面标高（高于地下水位）	m	0.5~1.0	目测
	5	沉渣厚度：端承桩 摩擦桩	mm	≤50 ≤150	用沉渣仪或重锤测量
	6	混凝土坍落度：水下灌注干施工	mm	160~220 70~100	用坍落度仪测
	7	钢筋笼安装深度	mm	±100	用钢尺量
	8	混凝土充盈系数		>1	检查每根桩的实际灌注量
	9	桩顶标高	mm	+30 −50	用水准仪测，需扣除桩顶浮浆层及劣质桩体

表 3.3.4-3　灌注桩的平面位置和垂直度的允许偏差

序号	成孔方法		桩径允许偏差/mm	垂直度允许偏差/%	桩位允许偏差/mm	
					1~3根、单排桩基垂直于中心线方向的群桩基的边桩	条形桩基沿中心线方向和群桩基的中间桩
1	泥浆护壁钻孔桩	D≤1000mm	±50	<1	D/6，且不大于100	D/4，且不大于150
		D>1000mm	±50		100+0.01H	150+0.01H

52

序号	成孔方法		桩径允许偏差/mm	垂直度允许偏差/%	桩位允许偏差/mm	
					1～3根、单排桩基垂直于中心线方向的群桩基的边桩	条形桩基沿中心线方向和群桩基的中间桩
2	套管成孔灌注桩	D≤500mm	−20	<1	70	150
		D>500mm			100	150
3	干成孔灌注桩		−20	<1	70	150
4	人工挖孔桩	混凝土护壁	+50	<0.5	50	150
		钢套管护壁	+50	<1	100	200

注：1. 桩径允许偏差的负值是指个别断面。

2. 采用复打、反插法施工的桩，其桩径允许偏差不受本表限制。

3. H 为施工现场地面标高与桩顶设计标高的距离（mm），D 为设计桩径（mm）。

3.3.5 人工挖孔桩、嵌岩桩的质量检验应按本章 3.3 节执行。

3.4 安全控制措施

3.4.1 一般要求

（1）进入施工现场人员必须佩戴安全帽，施工操作人员应穿戴好必要的防护用品。

（2）泥浆池周围必须设有防护设施，高度≥1.2m。成孔后，暂时不进行下道工序的孔必须设有安全防护设施，并有人看守。

（3）电气设备的电源，应按有关规定架设安装；电气设备均须有良好的接地接零，接地电阻不大于 4Ω，并装有可靠的触电保护装置。

（4）严禁在高低压架空电线下方冲、钻孔，移动桩机、钻杆时必须保持与高压电线的安全距离。

（5）配电箱以及其他供电设备不得置于水中或泥浆中，电线接头要牢固，并且要绝缘，输电线路必须设有漏电开关。

（6）在施工全过程中，应严格执行有关机械的安全操作规程，由专人操作并加强机械维修保养，经安全部门检验认可，领证后方可投入使用。

（7）挖掘机及吊车工作时，必须有专人指挥，并且在其工作范围内不得站人。

（8）材料运输车进出场必须打开转向灯，入场后倒车必须设专人指挥。

（9）吊车及钻机工作之前必须进行机械安全检查。

（10）施工作业平台必须规整平顺，杂物必须清除干净，防止拆除导管时将工作人员绊倒造成事故。

（11）现场卸料（主要指钢筋、钢板、钢管）前，必须检查卸料方向是否有人，以免将人员砸伤。

（12）桩基施工阶段，应在其桩位醒目位置立标示牌，标明桩位、桩长、桩径、施工状态等内容。

（13）导管安装及混凝土浇筑前，井口必须设有导管卡，搭设工作平台（留出导管位置），并且要求能保证人员的安全。

（14）遇大雨、大雪、大雾和六级大风，应停止钻孔作业，当风力超过六级时，应将机架放倒在地面上。暴风雨雪后，必须进行一次全面检查，发现问题，及时处理。

（15）操作人员要遵守桩机钻孔的安全操作规程，严禁违章作业。

（16）注意现场文明施工，对不用的泥浆池应及时填平；对正在使用的泥浆池加强管理，不得任泥浆溢流，捞取的沉渣应及时清走。各个排污通道必须有标志，夜间有照明设备，以防踩入泥浆，跌伤行人。

3.4.2　施工过程要求

1. 钻机就位及钻进成孔安全措施

（1）钻机在转产行走时，对陡坡等道路进行观察，必要时制定加固措施，防止钻机碰撞结构物、翻车等事故发生。

（2）钻机就位后，应有专人指挥对机底枕木填实，保证施工时机械不倾斜、不倾倒。同时对钻机及配套设施进行全面安全检查。钻机安设牢固后，对钻架加设斜撑及揽风绳，钻机上应安装避雷设施。

（3）冲、钻孔前要检查各传动箱润滑油是否足量，各连接处是否牢固，泥浆循环系统（离心泵）是否正常，确认各部件性能良好后，才开始作业。

（4）钻孔前要检查钢丝绳有无断丝、腐蚀、生锈等，断丝超过10%应报废。检查钢丝绳锁扣是否牢固，螺母是否松动。

（5）钻孔时应对准桩位，先使钻杆向下，钻头接触地面，再开动钻杆转动，不得晃动钻杆。操作人员爬上臂杆上面保养时，要注意脚不要粘泥浆，以免打滑摔下来。

（6）钻孔施工过程中，非施工人员不得进入施工现场，钻孔施工人员距离钻机不得太近，防止机械伤人。

（7）操作期间，操作人员不得擅自离开工作岗位或做其他的事。钻孔过程中，如遇机架摇晃、移动、偏斜或钻头内发出有节奏的响声，应立即停钻，查明原因并处理后，方可继续施钻。

（8）钻机钻进时紧密监视钻进情况，观察孔内有无异常情况、钻架是否倾斜、各连接部位是否松动、是否有塌孔征兆，有情况立即纠正。

（9）桩机移位时，要先切断电源后才能移动桩机。移动期间要有专人指挥和专人看管电缆线，以防桩机压坏电缆。如遇卡钻，应立即切断电源，停止下钻，未查明原因排除故障前，不准强行启动。

（10）成孔后，必须将孔口用 5cm 厚的木板或竹夹板加盖保护或浇筑混凝土，以防闲杂人员或小孩掉到桩孔内，孔口附近不准堆放重物和材料。

2. 钢筋笼制作、安装安全防护措施

（1）钢筋调直现场，禁止非施工人员入内，钢筋调直前事先检查调直设备各部件是否安全可靠。进行钢筋除锈和焊接时，施工人员穿戴好防护用品。

（2）钢筋笼加工过程中，不得出现随意抛掷钢筋现象，制作完成的节段钢筋笼滚动前检查滚动方向是否有人，防止人员被砸伤。氧气瓶与乙炔瓶在室外的安全距离不小于 5m。

（3）起吊钢筋骨架时，做到稳起稳落，安装牢靠后方可脱钩，严格按吊装作业安全技术规程施工。

（4）钢筋笼安装过程中必须注意：焊接或机械连接完毕，必须检查人员的脚是否缩回，防止钢筋笼下放时将脚扭伤甚至将人带入孔中的事故发生。

（5）吊车作业时，在吊臂转动范围内，不得有人走动或进行其他作业。

3. 混凝土灌注安全防护措施

（1）灌注混凝土桩时，施工人员分工明确，统一指挥，做到快捷、连续施工，以防事故的发生。

（2）灌注混凝土时，减速漏斗的吊具、漏斗和吊环均要稳固可靠。泵送混凝土时，管道支撑确保牢固并搭设专用支架，严禁捆绑在其他支架上，管道上不准悬挂重物。

（3）护筒周围不宜站人，防止不慎跌入孔中。

（4）导管安装时注意：导管对接必须注意手的位置，防止手被导管夹伤。

（5）混凝土浇筑过程中，混凝土搅拌运输车倒车时，指挥员必须站在司机能够看到的固定位置，防止指挥员走动过程中栽倒而发生机械伤人事故。轮胎下必须垫有枕木。倒车过程中，车后不得有人。

（6）吊车提升拆除导管过程中，各现场人员必须注意吊钩位置，以免将头砸伤。

（7）拆卸导管人员必须戴好安全帽，并注意防止扳手、螺钉等往下掉落。拆卸导管时，其上空不得进行其他作业。

（8）导管提升后继续浇筑混凝土前，必须检查其是否垫稳或挂牢。

（9）泥浆池、桩孔周边必须安装警示灯，挂警示带，设安全标志。

（10）场内要设泥浆池，泥渣要及时用车运走。浇筑混凝土期间，泥浆要及时回收，不得把泥浆排放在路面上或污水管道内。

3.4.3 施工用电安全措施

（1）作业人员进入施工现场必须戴好安全帽，电工作业时必须穿绝缘胶鞋，电焊工作业时必须佩戴防护眼镜。

（2）施工主线应采用"三相五线制"，并做到"一机一闸一箱一漏电保护"，所有机械电气设备均要有效保护接地或接零。

（3）现场线路必须按规定摆设整齐，不准乱拖在地面上，以防碾压，埋设地下时树立标志，接头处按标准包扎后必须架空或设接头箱，并有防水措施，桩架及底盘上所有电线严禁有接头。

（4）配电箱须安装漏电保护开关，离地高度不小于1.2m，箱前0.8m不准堆场，应有防雨措施，并装门加锁。

（5）移动机架严禁碰触高低压电线，不得在高低压电线下冲、钻孔和空吊放钢筋等施工作业。电源线路、电箱接线正确，绝缘可靠，接地牢固，触电保护器灵敏有效，电源容量和导线截面符合桩机说明书和安全用电规范的要求。

（6）机架上电箱电器完好，电动机接地不少于2处，接保护零线牢固可靠，触电保护器动作灵敏。不准带负荷启动电动机，严禁用脚代手进行操作。

（7）在高压线下严禁施工，桩架边缘与高压线的最少安全水平允许施工距离：10kV以下为6m，35kV以下为8m，施工时并采取相应的防护措施。

（8）电工接线时不能带电操作，拆修时应在合闸处挂上"严禁合闸"的警告牌，并派专人看管。

4 土 钉

4.1 施工要点

4.1.1 土钉墙中的土钉和复合土钉墙支护中的锚杆不应超出建设用地红线范围。

4.1.2 土钉支护施工应配合挖土、降水等作业，并应符合下列要求：

（1）挖土分层厚度应与土钉竖向间距一致，逐层开挖并施工土钉，禁止超挖。

（2）开挖后应及时封闭临空面，应在24h内完成土钉安设和喷射混凝土面层；在淤泥质地层中开挖时，应在12h内完成土钉安设和喷射混凝土面层。

（3）上一层土钉完成注浆后，应至少间隔48h方可允许开挖下一层土方。

（4）施工期间坡顶应严格按照设计要求控制施工荷载。

（5）土钉支护应设置排水沟、集水坑等用于地表和基坑排水。坑内排水沟离边壁宜大于1m；排水沟和集水坑宜用砖砌并用砂浆抹面，坑中集水应及时抽排。

（6）支护面层应视开挖土层含水情况设置必要的泄水孔。

4.1.3 成孔注浆型钢筋土钉施工应符合下列要求：

（1）采用人工凿孔（$l<6m$）或机械钻孔（$l \geqslant 6m$）时，

孔径和倾角应符合设计要求；孔位误差应小于 50mm，孔径误差应小于 ±2°，孔深可为土钉长度加 300mm。

（2）钢筋土钉应沿周边焊接居中支架，居中支架宜采用 φ6～φ8 钢筋或厚度 3～5mm 扁铁弯成；注浆管与钢筋土钉虚扎，并同时插入钻孔，注浆弯成后注浆管可回收再利用。

（3）应采用两次注浆工艺，第一次灌注水泥砂浆，灌注量不应小于钻孔体积的 1.2 倍。第一次注浆初凝后，方可进行第二次注浆。第二次压注纯水泥浆，注浆量为第一次注浆量的 30%～40%，注浆压力为 0.4～0.6MPa，浆液配合比应符合表 4.1.3 的要求。

表 4.1.3　成孔注浆型钢筋土钉注浆浆液配合比

注浆次序	浆液	普通硅酸盐水泥	水	砂（粒径<0.5mm）	早强剂
第一次	水泥砂浆	1	0.5	0.3	0.035
第二次	水泥浆			—	

（4）注浆完成后孔口应及时封闭。

4.1.4　击入式钢管土钉施工应符合下列要求：

（1）钢管击入前，应按设计要求钻设注浆孔和焊接倒刺，并将钢管头部加工成尖锥状并封闭。

（2）钢管击入时，土钉定位误差应小于 20mm，击入深度误差应小于 100mm，击入角度误差应小于 ±1.5°。

（3）从钢管空腔内向土层压注水泥浆液时，注浆压力不应小于 0.6MPa，注浆量应满足设计要求。注浆顺序宜从管底向外分段进行，最后封孔。

4.1.5　钢筋网的铺设应符合下列规定：

（1）钢筋网宜在喷射一层混凝土后铺设，钢筋与坡面的间隙不宜小于 20mm。

（2）采用双层钢筋网时，第二层钢筋网应在第一层钢筋网被混凝土覆盖后铺设。

（3）钢筋网片应固定在土钉头部，并与水泥土搅拌桩、旋喷桩保持 30～50mm 间隙。

（4）钢筋网宜焊接或绑扎，钢筋网格允许误差 ±10mm，钢筋网搭接长度不应小于 300mm，焊接长度不应小于网筋直径的 10 倍。

（5）网片与加强连系钢筋交接部位应绑扎或焊接。

4.1.6 喷射混凝土施工应遵守下列规定：

（1）应优先选用湿喷工艺，采用干喷工艺时应采取降低粉尘的措施。

（2）喷射混凝土作业应分段分片依次进行，同一分段内喷射顺序应自下而上，一次喷射厚度不宜小于 40mm 且不宜大于 120mm。

（3）喷射时，喷头与受喷面应垂直，距离宜为 0.6～1.5m。

（4）喷射混凝土终凝 2h 后，应喷水养护。

4.1.7 复合土钉墙支护施工应符合下列要求：

（1）作为隔水帷幕的水泥土搅拌桩，相互搭接长度不应小于 200mm，桩位偏差应小于 50mm，垂直度误差应小于 1/100，各施工参数及施工要点应符合规范要求。

（2）超前型钢宜先于土方开挖支设并宜压入或打入，当需采用预钻孔埋设超前钢管时，预钻孔径一般比钢管直径大 50～100mm，钢管底部一定范围内应开注浆孔并灌注水泥浆。

4.2 质量控制措施

4.2.1 土钉支护质量控制应遵守下列规定：

（1）注浆材料宜用水泥净浆或水泥砂浆，水泥净浆的水灰比宜为 1∶0.5～1∶1；水泥砂浆的水灰比宜为 0.4～0.5，灰砂比宜为 1∶1～1∶2。

（2）钻孔的误差应符合表 4.2.1 的要求。

表 4.2.1 土钉成孔允许偏差

序号	检查项目	允许偏差
1	孔位偏差	±100mm
2	成孔的倾角误差	±3°
3	孔深误差	±50mm
4	孔径误差	±10mm

（3）土钉筋体保护层厚度不应小于 25mm。

（4）当成孔过程中遇到障碍需要调整孔位时，不得降低原有支护设计的安全度。

4.2.2 开挖、修坡

土方开挖必须紧密配合土钉墙施工，分层开挖，严格做到开挖一层、支护一层；土方开挖应注意留保护层，以保证少扰动边坡原状土，每次开挖深度为土钉设计层高加 0.3～0.5m；正面开挖宽度与土层条件、坡度、坡顶附加荷载及分层高度均有关系，对松软的杂填土和软弱土层、滞水层地段及施工期间坡顶超载太大、边坡坡度较陡时，分段长度均应小一些。当工期较紧，为加快施工进度，也可采用多段跳槽开挖的方式。开挖宽度一般控制在 8～15m 为宜。基坑开挖时必须遵守的另一条原则是：在未完成上层作业面的土钉与喷射混凝土支护之前，不得进行下一层的开挖。开挖后应及时进行人工修坡。

4.2.3 成孔后，应及时安放土钉（连同注浆管）送入土中，土钉对中支架视土质情况采取不同间距（1.0～2.0m）、不同形式（当土质较软时，可加焊船形铁皮）。

4.2.4 注浆

土钉浆液配合比根据设计要求确定，一般采用水灰比为0.4～0.45，灰砂比采用1：1～1：2的水泥砂浆。水泥一般采用42.5级普通硅酸盐水泥配制；浆体采用机械搅拌，禁止人工搅拌，浆液应在初凝前用完，并严防杂物混入浆液；注浆时应先高速低压从孔底注浆，当水泥浆从孔口溢出后，再低速高压从孔口注浆。

4.2.5 编钢筋网，焊接土钉头

钢筋网片应牢固固定在边壁上，并符合规定的保护层要求，钢筋网片可用插入土中的钢筋固定，层与层之间的竖向钢筋用对钩连接，竖向钢筋与横向钢筋采用绑扎连接，同一施工层上段与段之间的横向钢筋采用焊接或绑扎连接，层与层、段与段之间的钢筋网片的接槎应搭接牢固，钢筋网每边的搭接长度至少不小于一个网格边长，如为搭焊则焊缝长度不小于网筋直径的10倍。土钉与垫板或固定钢筋采用焊接连接。

4.2.6 喷射混凝土面层

喷射作业应分段进行，同一段内喷射顺序应自下而上，一次喷射厚度一般不小于40mm，为了保证施工时喷射混凝土厚度达到规定值，可在边壁面上垂直打入短的钢筋段作为标志。当面层厚度超过120mm时，应分两次喷射，第二次施喷应在加强筋与土钉头焊接完成后进行。喷射混凝土的射距宜在 0.8～1.5m 的范围内。射流方向一般应垂直于坡面，但在钢筋部位，应先施喷钢筋的后方，然后再喷钢筋的前方，防止在钢筋背部出现空隙，段与段、层与层之间的施工缝接合面的浮浆层和松散碎屑应清除干净并喷水润湿后方可进行下步旋喷，以确保接槎牢固。

4.2.7 做好土钉墙支护的排水系统

地下水、地表水的渗流会降低土体强度和土钉与土体之间的界面粘结力，并对喷射的混凝土面层产生压力，因此土钉墙支护宜在降低地下水的条件下进行施工，并采取措施排除地表水和坑内渗水。降低地下水位可采取井点降水的方法；地表水排除的方法是将基坑四周支护范围内的地表面先加以修整，然后构筑排水沟或水泥地面，以防地表水向地下渗流；支护内部排水一般是在支护面背部设置长度为 40～60cm、直径为 6～10cm 的水平塑料排水管，管壁带孔，内填滤水材料，随开挖随设置；基坑内积聚的渗水采取设置排水沟和集水坑的方法予以排除，排水沟要求离开坡脚 0.5～1m。

4.3 质量检查与验收

4.3.1 土钉支护施工应在监理的参与下进行。施工监理的主要任务是随时观察和检查施工过程，根据设计要求进行质量检查，并最终参与工程的验收。

4.3.2 土钉支护施工所用原材料（水泥、砂石、混凝土外加剂、钢筋等）的质量要求以及各种材料性能的测定，均应以现行的国家标准为依据。

4.3.3 支护的施工单位应按施工进程及时向施工监理和工程的发包方提出以下资料：

（1）工程调查与工程地质勘察报告及周围的建筑物、构筑物、道路、管线图。

（2）初步设计施工图。

（3）各种原材料的出厂合格证及材料试验报告。

（4）工程开挖记录。

（5）钻孔记录（钻孔尺寸误差、孔壁质量及钻取土样特征等）。

（6）注浆记录及浆体的试件强度试验报告等。

（7）喷混凝土记录（面层厚度检测数据、混凝土试件强度试验报告等）。

（8）设计变更报告及重大问题处理文件、反馈设计图。

（9）土钉抗拔测试报告。

（10）支护位移、沉降及周围地表、地物等各项监测内容的量测记录与观察报告。

4.3.4 支护工程竣工后，应由工程发包单位、监理和支护的施工单位共同按设计要求进行工程质量验收，认定合格后予以签字。工程验收时，支护施工单位应提供竣工图以及第4.3.3条所列的全部资料。

4.3.5 在支护竣工后的规定使用期限内，支护施工单位应继续对支护的变形进行监测。

4.3.6 《建筑基坑支护技术规程》（JGJ 120—2012）中对土钉施工与检测的规定如下：

（1）土钉墙应按每层土钉及混凝土面层分层设置、分层开挖基坑的步序施工。

（2）当有地下水时，对易产生流砂或塌孔的砂土、粉土、碎石土等土层，应通过试验确定土钉施工工艺和措施。

（3）钢筋土钉成孔时应符合下列要求：

1）土钉成孔范围内存在地下管线等设施时，应在查明其位置并避开后，再进行成孔作业；

2）应根据土层的性状选择洛阳铲、螺旋钻、冲击钻、地质钻等成孔方法，采用的成孔方法应能保证孔壁的稳定性，减小其对孔壁的扰动；

3）当成孔遇不明障碍物时，应停止成孔作业，在查明障碍物的情况并采取针对性措施后方可继续成孔；

4）对易塌孔的松散土层宜采用机械成孔工艺；成孔困难时，可采用注入水泥浆等方法进行护壁。

（4）钢筋土钉杆体的制作安装应符合下列要求：

1）钢筋使用前，应调直并清除污锈；

2）当钢筋需要连接时，宜采用搭接焊、帮条焊；应采用双面焊，双面焊的搭接长度或帮条长度应不小于主筋直径的5倍，焊缝高度不应小于主筋直径的0.3倍；

3）对中支架的断面尺寸应符合土钉杆体保护层厚度要求，对中支架可选用直径为6～8mm的钢筋焊制；

4）土钉成孔后应及时插入土钉杆体，遇塌孔、缩径时，应待处理后再插入土钉杆体。

（5）钢筋土钉注浆应符合下列规定：

1）注浆材料可选用水泥浆或水泥砂浆；水泥浆的水灰比宜取0.5～0.55；水泥砂浆的水灰比宜取0.40～0.45，同时，灰砂比宜取0.5～1.0，拌和用砂宜选用中粗砂，按质量计的含泥量不得大于3%；

2）水泥浆或水泥砂浆应拌和均匀，一次拌和的水泥浆或水泥砂浆应在初凝前使用；

3）注浆前应将孔内残留的虚土清除干净；

4）注浆时，宜采用将注浆管与土钉杆体绑扎，同时插入孔内并由孔底注浆的方式；注浆管端部至孔底的距离不宜大于200mm；注浆及拔管时，注浆管口应始终埋入注浆液面内，应在新鲜浆液从孔口溢出后停止注浆；注浆后，当浆液液面下降时，应进行补浆。

（6）打入式钢管土钉施工应符合下列规定：

1）钢管端部应制成尖锥状；顶部宜设置防止钢管顶部施打变形的加强构造；

2）注浆材料应采用水泥浆；水泥浆的水灰比宜取0.5～0.6；

3）注浆压力不宜小于0.6MPa；应在注浆至管顶周围出现返浆后停止注浆；当不出现返浆时，可采用间歇注浆的方法。

（7）喷射混凝土面层施工应符合下列规定：

1）细骨料宜选用中粗砂，含泥量应小于3%；

2）粗骨料宜选用粒径不大于20mm的级配砾石；

3）水泥与砂石的质量比宜取1：4～1：4.5，含砂率宜取45%～55%，水灰比宜取0.4～0.45；

4）使用速凝剂等外掺剂时，应做外加剂与水泥的相容性试验及水泥净浆凝结试验，并应通过试验确定外掺剂掺量及掺入方法；

5）喷射作业应分段依次进行，同一分段内喷射顺序应自下而上均匀喷射，一次喷射厚度宜为30～80mm；

6）喷射混凝土时，喷头与土钉墙墙面应保持垂直，其距离宜为0.6～1.0m；

7）喷射混凝土终凝2h后应及时喷水养护；

8）钢筋与坡面的间距应大于 20mm；

9）钢筋网应采用绑扎固定，钢筋连接宜采用搭接焊，焊缝长度不应小于钢筋直径的 10 倍；

10）采用双层钢筋网时，第二层钢筋网应在第一层钢筋网被喷射混凝土覆盖后铺设。

（8）土钉墙的施工偏差应符合下列要求：

1）钢筋土钉的成孔深度应大于设计深度 0.1m；

2）土钉位置的允许偏差应为 100mm；

3）土钉倾角的允许偏差应为 3°；

4）土钉杆体长度应大于设计长度；

5）钢筋网间距的允许偏差应为 ±30mm；

6）微型桩桩位的允许偏差为 50mm；

7）微型桩垂直度的允许偏差为 0.5%。

（9）土钉墙的质量检测应符合下列规定：

1）应对土钉的抗拔承载力进行检测，抗拔试验可采取逐级加荷法；土钉的检测数量不宜少于土钉总数的 1%，且同一土层中的土钉检测数量不应少于 3 根；试验最大荷载不应小于土钉轴向拉力标准值的 1.1 倍；检测土钉应按随机抽样的原则选取，并应在土钉固结强度达到设计强度的 70% 后进行试验。

2）土钉墙面层喷射混凝土应进行现场试块强度试验，每 500m² 喷射混凝土面积试验数量不应少于一组，每组试块不应小于 3 个。

3）应对土钉墙的喷射混凝土面层厚度进行检测，每 500m² 喷射混凝土面积检测数量不应少于一组，每组检测点不应少于 3 个；全部检测点的面层厚度平均值不应小于厚度设计值，最小厚度不应小于厚度设计值的 80%。

68

4）复合土钉墙的预应力锚杆，按规范规定进行抗拔承载力检测。

5）复合土钉墙的水泥土搅拌桩或旋喷桩用作帷幕时，按规范规定进行质量检测。

4.3.7 锚杆及土钉墙支护工程质量检验标准应符合表4.3.7的规定。

表4.3.7 锚杆及土钉墙支护工程质量检验标准

项目	序号	检查项目	允许偏差或允许值		检查方法
			单位	数值	
主控项目	1	锚杆土钉长度	mm	±30	用钢尺量
	2	锚杆锁定力	设计要求		现场实测
一般项目	1	锚杆或土钉位置	mm	±100	用钢尺量
	2	钻孔倾斜度	(°)	±1	测钻机倾角
	3	浆体强度	设计要求		
	4	注浆量	大于理论计算浆量		检查计量数据
	5	土钉墙面厚度	mm	±10	用钢尺量
	6	墙体强度	设计要求		试样送检

4.4 安全控制措施

4.4.1 贯彻"安全第一、预防为主"的方针。

4.4.2 设专职安全员负责工地安全管理工作。由施工负责人监督日常安全工作，各工种、各施工班组设立兼职安全员，由项目经理、施工负责人、专兼职安全员组成项目安全小组，检查督促项目安全。

4.4.3 工人进场前由安全员进行安全教育，进场后施工人员必须认真执行"安全管理制度"和"安全生产责任制"，遵守安全生产纪律。定期召开安全工作会议，进行安全检查活动，杜绝安全隐患，由安全员做好安全日记。开工前由项目部组织进行工地安全检查，合格后方能开工。

4.4.4 施工现场设置安全警示牌，施工人员必须佩戴安全帽进行施工。

4.4.5 机电设备必须由专人操作，认真执行规程，杜绝人身、机械、生产安全事故，特殊工种（起重工、焊工、电工等）必须持证上岗。

4.4.6 现场电缆必须安全布设，各种电控制箱必须安装二级漏电保护装置，电器必须断电修理，并挂上警示牌，电工应定期检查电器、电路的安全性。

4.4.7 机械设备应由机修人员修理，杜绝机械安全事故隐患。

4.4.8 机班长要定期检查各活动、升降机具的安全性，若有问题要及时维修、调换，不允许超负荷运行。

4.4.9 施工进程中一切操作由专人（机长）统一指挥。

4.4.10 外露传动装置必须有防护罩。

4.4.11 现场必须配备消防器材，电路控制系统必须有防雨淋设施。

5 内 支 撑

5.1 施工要点

5.1.1 支撑系统的施工与拆除顺序，应与支护结构的设计工况相一致，应严格遵守先撑后挖的原则；立柱穿过主体结构底板以及支撑结构穿越主体结构地下室外墙的部位应采取止水构造措施。

5.1.2 围檩施工前应凿除围檩处围护墙体表面泥浆、混凝土松软层、突出墙面的混凝土。

5.1.3 混凝土支撑的施工应符合下列要求：

（1）冠梁施工前应清除围护墙体顶部泛浆。

（2）支撑底模应具有一定的强度、刚度、稳定性，采用混凝土垫层作底模时，应有隔离措施，挖土时应及时清除。

（3）围檩与支撑宜整体浇筑，超长支撑杆件宜分段浇筑养护。

（4）混凝土支撑应达到设计强度的 70% 后方可进行下面土方的开挖。

5.1.4 钢支撑的施工应符合下列要求：

（1）支撑端头应设置封头端板，端板与支撑杆件应满焊。

（2）钢围檩与围护墙体之间的空隙应填充密实；采用无围檩的钢支撑系统时，钢支撑与围护墙体的连接应可靠牢固。

（3）支撑安装完毕后，应及时检查各节点的连接状况，经确认符合要求后方可施加预压力；预压力应均匀、对称、分级施加。

（4）预应力施加过程中应检查支撑连接节点，必要时应对支撑节点进行加固；预应力施加完毕后应在额定压力稳定后予以锁定。

（5）主撑端部的八字撑可在主撑预应力施加完毕后安装。

（6）钢支撑使用过程中应定期进行预应力监测，必要时，应对预应力损失进行补偿。

5.1.5 立柱的施工应符合下列要求：

（1）立柱的制作、运输、堆放应采取控制平直度的技术措施。

（2）立柱宜采取控制定位、垂直度和转向偏差的技术措施。

（3）立柱采用钻孔灌注桩时，宜先安装立柱，再浇筑桩身混凝土；立柱桩采用水泥土搅拌桩的，应在水泥土搅拌桩完成后及时安装立柱。

（4）基坑开挖前，立柱周边的桩孔应均匀回填密实。

5.1.6 地下永久结构的竖向构件与支撑立柱相结合时，立柱和立柱桩的施工除满足上述条件外，尚应符合下列要求：

（1）立柱在施工过程中应采用专用装置进行定位、垂直度和转向偏差控制。

（2）钢管立柱内的混凝土应与立柱桩的混凝土连续浇筑完成；钢管立柱内的混凝土与立柱桩的混凝土采用不同强度等级时，施工时应控制其交界面处于低强度等级混凝土一侧；钢管立柱外部混凝土的上升高度应满足立柱桩混凝土的泛浆高度要求。

（3）立柱桩采用桩端后注浆施工的，注浆管应沿桩周均匀布置且伸出桩端 200～500mm；注浆宜在成桩 48h 后进行；终止注浆应符合设计要求。

（4）立柱外包混凝土结构浇筑前，应对立柱表面进行处理；浇筑时应确保柱顶梁底混凝土浇筑密实。

5.1.7 支撑拆除应在可靠换撑形成并达到设计要求后进行，且应符合下列要求：

（1）钢筋混凝土支撑拆除可采用机械拆除、爆破拆除。

（2）支撑拆除时应设置安全可靠的防护措施和作业空间，并应对永久结构采取保护措施。

（3）钢筋混凝土支撑的拆除，应根据支撑结构特点、永久结构施工顺序、现场平面布置等确定拆除顺序。

（4）钢筋混凝土支撑采用爆破拆除的，爆破孔宜在钢筋混凝土支撑施工时预留，支撑与围护结构或主体结构相连的区域宜先行切断。

5.2 质量控制措施

5.2.1 项目经理与企业总部签订"工程质量目标责任状"，确保符合国家质量验收合格标准，争创优良工程，技术资料齐全。

5.2.2 执行终身质量责任制。项目经理部各管理人员承担相应的责任，该责任具有终身制，即责任人对工程承担历史责任。

5.2.3 执行"质量决定权"制度。即行使质量否决权、质量控制权、停工权、返工权、奖惩权。

5.2.4 施工组织设计，强化分部分项施工方案的编制与审批制度，确定质量控制点，见表5.2.4-1和表5.2.4-2。

表 5.2.4-1 钢筋质量控制点

分项工程	质量控制点
钢筋的检验	进场钢筋的外观及随车文件检查，见证取样送检
钢筋的成型	形状、尺寸
钢筋的绑扎	搭接，锚固，送，缺扣，骨架宽高，钢筋间距、排距
钢筋的焊接	外观，力学性能检测，轴线偏、弯折

表 5.2.4-2 模板质量控制点

分项工程	质量控制点
模板的制作	材料选用、下料、拼装
模板的安装	刚度、强度、稳定性、成型尺寸、梁柱节点
模板的拆除	混凝土强度、拆模顺序、模板修整

5.2.5 执行材料（配）件试（检）验制度；计量器具核准制度；对进场材料构（配）件，一要有质保书，二要及时按规定取样复试，防止不合格材料用到工程上。施工所有计量器具必须是确定为有效期内的合格器具，如钢尺、测量仪器、安全仪表等，均应送检合格。

5.2.6 严格技术交底制度。以分项工程为对象，制定高于国家标准的内控工艺质量标准，分级进行全面技术交底，切实做到：施工按规范，操作按规程，验收按标准。

5.2.7 加强技术复核制度。严把施工质量关，确保轴线位移、垂直偏差、标高误差、预埋件位置预留洞口等几何尺寸始终控制在允许偏差内。

5.2.8 认真执行隐蔽验收制度。以"保证项目"为重点，以图纸及其他有效设计文件为依据，以规范为标准，监理参加，严格手续，确保结构质量。

5.2.9 严格质量检查与评定制度。认真贯彻过程控制的"三检"制，即自检、互检、交接检制度，严格内控质量标准，挤水分、上等级、达标准。

5.2.10 认真实施工程技术档案制度。各类技术资料，如工程管理资料、质量保证资料、安全管理资料等坚持采用当地建设主管部门的统一表格与模式，坚持与工程进度同步进行，做到建档及时、内容齐全、表述规范、手续齐备、归档完整。

5.2.11 严格成品制度。制定并落实成品监护责任，特别应注意在安装、装饰阶段不同工种、不同分包单位之间的协调与成品、半成品保护。总包单位要从道德意识教育、行政纪律、经济处罚、技术措施等方面加大成品保护力度。

5.2.12 建立相应奖惩体系，以保证工期和质量。

5.2.13 物资部派专人监管商品混凝土的质量（尤其是外加剂的掺量）。

5.2.14 工长要注意土体及地下水的变化情况，遇有异常情况及时上报。

5.2.15 浇筑混凝土时工长安排专人观察模板的变形，以防胀模、漏浆。

5.2.16 施工时挖土机械和重车不得直接压在支撑梁上，不得碰撞支撑梁、柱，尤其是悬空的支撑梁、柱。如果支撑梁顶面比它两边的土体高，上面又必须走重车，必须把梁两边的土垫高，上铺钢板，以利于挖土机械和重车通过时不直接压在支撑梁上。

5.2.17 除继续做好基坑侧壁、基坑外面建筑物、水位观测外，每天增加上、下午各一次水平支撑梁的变形观测，及时上报技术部，以便遇异常情况，及时处理。

5.2.18 钢支撑质量标准与控制

（1）支撑系统所用钢材的材质应符合现行国家标准《钢结构工程施工质量验收规范》（GB 50205）的要求。

（2）钢支撑系统工程质量检验标准应符合规范的规定。

（3）质量控制。掌握开挖及支撑设置的方式、预应力及周围环境保护的要求。

1）施工前应熟悉支撑系统的图纸及各种计算工况；

2）施工过程中应严格控制开挖和支撑的程序和时间，对支撑的位置（包括立柱及立柱桩的位置）、每层开挖深度、预加顶力（如需要时）、钢围檩与支护体或支撑与围檩的密贴度应做周密检查；

3）型钢支撑安装时，必须严格控制平面位置和高程，以确保支撑系统安装符合设计要求；

4）应严格控制支撑系统的焊接质量，确保杆件连接强度符合设计要求；

5）支护结构出现渗水、流砂或开挖面以下冒水，应及时采取止水堵漏措施，土方开挖应均衡进行，以确保支撑系统稳定；

6）施工中应加强监测，做好信息反馈，出现问题及时处理。全部支撑安装结束后，需维持整个系统的安全可靠，直至支撑全部拆除；

7）密切关注支撑的受力情况，并由监测小组进行轴力监测，若超出设计值，立即停止施工并通知设计及相关部门对异常情况进行分析，制订解决方案，待方案确定后及时组织实施，确保基坑安全。

5.3　质量检查与验收

5.3.1　内支撑结构的施工与拆除顺序，应与设计工况一致，必须遵循先支撑后开挖的原则。

5.3.2　混凝土支撑的施工应符合现行国家标准《混凝土结构工程施工质量验收规范》（GB 50204）的规定。

5.3.3　混凝土腰梁施工前应将排桩、地下连续墙等挡土构件的连接表面清理干净，混凝土腰梁应与挡土构件紧密接触，不得留有缝隙。

5.3.4　钢支撑的安装应符合现行国家标准《钢结构工程施工质量验收规范》（GB 50205）的规定。

5.3.5　钢腰梁与排桩、地下连续墙等挡土构件间隙的宽度宜小于 10mm，并应在钢腰梁安装定位后，用强度等级不低于 C30 的细石混凝土填充密实。

5.3.6　对预加轴向压力的钢支撑，施加预压力时应符合下列要求：

（1）对支撑施加压力的千斤顶应有可靠、准确的计量装置。

（2）千斤顶压力的合力点应与支撑轴线重合，千斤顶应在支撑轴线两侧对称、等距放置，且应同步施加压力。

（3）千斤顶的压力应分级施加，施加每级压力后应保持压力稳定 10min 后，方可施加下一级压力；预压力加至设计规定值后，应在压力稳定 10min 后，方可按设计预压力值进行锁定。

（4）支撑施加压力过程中，当出现焊点开裂、局部压曲等异常情况时，应卸除压力，在对支撑的薄弱处进行加固后，方可继续施加压力。

（5）当监测的支撑压力出现损失时，应再次施加预压力。

5.3.7 对钢支撑，当暑期施工产生较大温度应力时，应及时对支撑采取降温措施。当冬期施工降温产生的收缩使支撑端头出现空隙时，应及时用铁楔将空隙揳紧。

5.3.8 支撑拆除应在替换的支撑的结构构件达到换撑要求的承载力后进行。当主体结构底板和楼板分块浇筑或设置后浇带时，应在分块部位或后浇带处设置可靠的传力构件。支撑的拆除应根据支撑材料、形式、尺寸等具体情况采用人工、机械和爆破等方法。

5.3.9 立柱的施工应符合下列要求：

（1）立柱桩混凝土的浇筑面宜高于设计桩顶 500mm。

（2）采用钢立柱时，立柱周围的空隙应用碎石回填密实，并宜辅以注浆措施。

（3）立柱的定位和垂直度宜采用专门措施进行控制，对格构柱、H 型钢柱，尚应同时控制方向偏差。

5.3.10 内支撑的施工偏差应符合下列要求。

（1）支撑标高的允许偏差应为 30mm。

（2）支撑水平位置的允许偏差应为 30mm。

（3）临时立柱平面位置的允许偏差应为 50mm，垂直度的允许偏差应为 1/150。

（4）立柱用作主体结构构件时，立柱平面位置的允许偏差应为 10mm，垂直度的允许偏差应为 1/300。

5.3.11 钢及混凝土支撑系统工程质量检验标准应符合表5.3.11的规定。

表5.3.11 钢及混凝土支撑系统工程质量检验标准

项目	序号	检查项目	允许偏差或允许值		检查方法
			单位	数值	
主控项目	1	支撑位置：标高 平面	mm	30 100	水准仪 用钢尺量
	2	预加顶力	kN	±50	油泵读数或传感器
一般项目	1	围图标高	mm	30	水准仪
	2	立柱桩	mm	50 190	测套管、钻杆或超声波井径仪、超声波或用钢尺量
	3	立柱位置：标高 平面	mm	30 50	水准仪 用钢尺量
	4	开挖超深（开槽放支撑不在此范围）	mm	<200	水准仪
	5	支撑安装时间	设计要求		用钟表估测

5.4 安全控制措施

5.4.1 一般要求

（1）认真编制、审批和实施支护工程施工方案，并按规定做好施工安全技术交底，严格按照现行行业标准《建筑施工安全检查标准》（JGJ 59）的规定，认真进行安全检查、监督和管理。

（2）所有施工人员必须戴好安全帽，并正确使用个人劳动防护用品。

（3）禁止穿拖鞋、赤脚进入现场参加操作。现场禁止吸烟。

（4）特殊工种（电焊工、气割工、信号工等）必须持证上岗。

（5）现场用电必须符合三级配电两级保护要求，电气设备故障由电工负责处理，其他人员不得乱动，以防触电事故发生。严禁非电工人员从事电工操作。

（6）高空作业必须系好安全带。

5.4.2 钢支撑加工安全措施及注意事项

（1）钢支撑加工必须严格执行技术交底，不得擅自更改。

（2）钢支撑法兰盘应与钢管轴线垂直，焊缝应饱满，焊接强度达到设计要求。

（3）用吊车移动钢支撑时应有专人指挥，并提醒其他正在工作的工人，防止支撑移动过程中，支撑转动伤人。

（4）钢支撑加工焊接前应清除四周易燃易爆物品，焊接过程中做好防火工作。

（5）焊接支撑钢构件，焊工应经过培训考试，合格后进行安全教育和安全交底后方可上岗施焊，焊接设备外壳必须接地或接零；焊接电缆、焊钳连接部分，应有良好的接触和可靠的绝缘，焊机前应设漏电保护开关，装拆焊接设备与电力网连接部分时，必须切断电源。焊工操作时必须穿戴防护用品，如工作服、手套、胶鞋，并保持干燥和完好。

（6）焊接时必须戴内有滤光玻璃的防护面罩，焊接工作场所应有良好的通风、排气装置，并有良好的照明设施，操作时严禁拖拉焊枪，电动工具均应设触电保护器，高空焊接工应系安全带，随身工具及焊条均应放在专门背带中，在同一作业面下交叉作业处，应设安全隔离措施。

5.4.3 钢支撑钢围檩安装安全技术措施及注意事项

（1）严格遵循"边挖边撑"的原则，禁止一次开挖深度过高。

（2）钢围檩安装前，应事先在岩壁上标出位置，确保钢围檩安装后在一个水平面上。

（3）钢围檩支撑托架安装应牢固，防止钢围檩安装过程中出现塌架事故。

（4）钢围檩安装前，应事先将围护桩凿出，并将岩壁找平，使岩壁和露出的围护桩在一个平面上，确保钢支撑加力后，钢围檩与岩面和桩面无空隙。

（5）在吊装钢构件如支撑、围檩、型钢、板材时，应先制订吊装方案，进行安全技术教育和交底，学习吊装操作规程，明确吊装程序，了解施工场地布置状况，了解吊装人员应经身体检查，年老体弱和患有高血压、心脏病等不适合高空作业的不得上岗，吊装人员应戴安全帽，吊装工作开始前，应对超重运输吊装设备、吊环、夹具进行检查，应对钢丝绳定期进行检查确保安全。提升或下降要平稳，尽量避免发生冲击、碰撞现象，不准拖吊。

（6）起吊钢丝绳应绑牢，吊索要保持垂直，以免拉断绳索，起吊重型构件，必须用牵引绳，不得超负荷作业，吊装时应有专人指挥，使用统一信号，起重司机必须按信号进行工作。

（7）钢支撑安装时，斜支撑端头必须设可靠防滑措施。

（8）钢围檩和钢支撑吊装过程中注意保护上道支撑，严禁撞击。

（9）钢支撑安装完毕，必须经技术人员检查合格后，方准预加应力。

（10）加力前，应确保加力设备的仪表、油管、油管接头完好。

（11）加力过程中，应缓慢进行；待应力加到设计值时，焊接抱箍，然后松开千斤顶。防止突然松开千斤顶，钢楔弹出伤人。

（12）应设专人对钢支撑的变形及受力情况进行量测，及时分析数据，发现异常时，及时采取应对措施，并上报项目部相关部门或主管领导，确保结构和人员安全。

（13）钢围檩及钢支撑吊装和钢支撑预加应力时，班组长和安全员必须全过程跟班作业。

6 高压喷射注浆（旋喷桩）

6.1 施工要点

6.1.1 高压喷射注浆法适用于处理淤泥、淤泥质土、流塑、软塑或可塑黏性土、粉土、砂土、黄土、素填土和碎石土等地基。当土中含有较多的大粒径块石、大量植物根茎或有较高的有机质时，以及地下水流速过大和已涌水的工程，应根据现场试验结果确定其适用性。

6.1.2 高压喷射注浆法可用于既有建筑和新建建筑地基加固，深基坑、地铁等工程的土层加固或防水。

6.1.3 高压喷射注浆法分旋喷、定喷和摆喷三种类别。根据工程需要和土质条件，可分别采用单管法、双管法和三管法。加固形式可分为柱状、壁状、条状和块状。

6.1.4 对既有建筑物，在制订高压喷射注浆方案时，应搜集有关的历史和现状资料、邻近建筑物和地下埋设物等资料。

6.1.5 高压喷射注浆方案确定后，应结合工程情况进行现场试验、试验性施工或根据工程经验确定施工参数及工艺。

6.1.6 施工前应根据现场环境和地下埋设物的位置等情况，复核高压喷射注浆的设计孔位，并根据设计要求进行工艺性试桩，数量不少于2根。

6.1.7 高压喷射注浆的施工参数应根据土质条件、加固要求通过试验或根据工程经验确定，并在施工中严格加以控制。单管法及双管法的高压水泥浆和三管法高压水的压力应大于 20MPa，流量应大于 30L/min，气流压力宜大于 0.7MPa，提升速度宜为 0.1～0.2m/min。

6.1.8　高压喷射注浆的主要材料为水泥，对于无特殊要求的工程，宜采用强度等级为 42.5 级及以上的普通硅酸盐水泥。根据需要可加入适量的外加剂及掺合料。外加剂和掺合料的用量，应通过试验确定。

6.1.9　水泥浆液的水灰比应按工程要求确定，可取 0.8～1.2，常用 1.0。

6.1.10　高压喷射注浆的施工工序为机具就位、贯入喷射管、喷射注浆、拔管和冲洗等。

6.1.11　钻机与高压注浆泵的距离不宜大于 50m。钻孔位置与设计位置的偏差不得大于 50mm，垂直度的允许偏差为 ±1%。实际孔位、孔深和每个钻孔内的地下障碍物、洞穴、涌水、漏水及与岩土工程勘察报告不符等情况均应详细记录。

6.1.12　当喷射注浆管贯入土中，喷嘴达到设计标高时，即可喷射注浆。在喷射注浆参数达到规定值后，随即分别按旋喷、定喷或摆喷的工艺要求，提升喷射管，由下而上喷射注浆。喷射管分段提升的搭接长度不得小于 100mm。

6.1.13　对需要局部扩大加固范围或提高强度的部位，可采用复喷措施。

6.1.14　在高压喷射注浆过程中出现压力骤然下降、上升或冒浆异常时，应查明原因并及时采取措施。

6.1.15　高压喷射注浆完毕，应迅速拔出喷射管。为防止浆液凝固收缩影响桩顶高程，必要时可在原孔位采用冒浆回灌或第二次注浆等措施。

6.1.16 当处理既有建筑地基或周边环境有保护要求时，应采用速凝浆液、隔孔喷射、冒浆回灌、放慢施工速度或具排泥装置的全方位高压旋喷技术（MJS 工法）等措施，以防喷射过程中地基产生附加变形和地基与基础间出现脱空现象。同时，应对建筑物进行变形监测。

6.1.17 高压旋喷注浆施工时，邻近施工影响区域不得进行抽水作业。

6.1.18 施工中应做好泥浆处理，及时将泥浆运出或在现场短期堆放后作土方运出。

6.1.19 施工中应严格按照施工参数和材料用量施工，并如实做好各项记录。

6.2 质量控制措施

6.2.1 放注浆管前，先在地表进行射水试验，待气、浆压正常后，才能下注浆管施工。

6.2.2 高喷施工时隔两孔施工，防止相邻高喷孔施工时串浆。相邻的旋喷桩施工时间间隔不少于 48h。

6.2.3 采用 42.5 级普通硅酸盐水泥作加固材料，每批水泥进场必须出具合格证明，并按每批次现场抽样外检，合格后才能投入使用。施工中所有计量工具均应进行检定。水泥进场后，应垫高水泥台，覆防雨彩布，防止水泥受潮结块。

6.2.4 浆液水灰比、浆液相对密度、每米桩体掺入水泥质量等参数均以现场试桩情况为准。施工现场配备相对密度计，每天量测浆液相对密度，严格控制水泥用量。运灰小车及搅拌桶均做明显标记，以确保浆液配合比的正确性。灰浆搅拌应均匀，并进行过滤。喷浆过程中浆液应连续搅动，防止水泥沉淀。

6.2.5 施工前进行成桩试验，由设计单位、业主、监理单位、施工单位共同确定旋喷桩施工参数，保证成桩直径不小于设计桩径。

6.2.6 严格控制喷浆提升速度，其提升速度应小于 0.20m/min。喷浆过程应连续均匀，若喷浆过程中出现压力骤然上升或下降、大量冒浆、串浆等异常情况，应及时提钻出地表排除故障后，复喷接桩时应加深 0.3m 重复喷射接桩，防止出现断桩。

6.2.7 高喷孔喷射成桩结束后，应采用含水泥浆较多的孔口返浆回灌，防止因浆液凝固后体积收缩，桩顶面下降，以保证桩顶标高满足设计要求。

6.2.8 因地下孔隙等原因造成返浆不正常、漏浆时，应停止提升，用水泥浆灌注，直至返浆正常后才能提升。

6.2.9 引孔钻孔施工时应及时调整桩机水平，防止因机械振动或地面湿陷造成钻孔垂直度偏差过大。为保证顺利安放注浆管，引孔直径采用 ϕ150mm 成孔。穿过砂层时，采用浓泥浆护壁成孔，必要时可下套管护壁，以防垮孔。

6.2.10 实行施工员随班作业制，施工员必须时刻注意检查浆液初凝时间、注浆流量、风量、压力、旋转提升速度等参数是否满足设计要求，及时发现和处理施工中的质量隐患。当出现实际孔位孔深和每个钻孔内的地下障碍物、洞穴、涌水、漏水及与工程地质报告不符等情况时，应详细记录，认真如实填写施工报表，客观反映施工实际情况。

6.2.11 根据地质条件的变化情况及时调整施工工艺参数，以确保桩的施工质量。调整参数前应及时向业主、监理部门、设计部门报告，经同意后调整。

6.2.12 配备备用发电机组。旋喷桩施工，进入旋喷作业则应连续施工。若施工过程中停电时间过长，则启用备用发电机，保证施工正常进行。

6.2.13 施工现场配备常用机械设备配件，保证机械设备发生故障时，能够及时抢修。

6.3 质量检查和验收

6.3.1 施工前应检查水泥、外掺剂等的质量，桩位，压力表、流量表的精度和灵敏度，高压喷射设备的性能等。

6.3.2 施工中应检查施工参数（压力、水泥浆量、提升速度、旋转速度等）及施工程序。

6.3.3 施工结束后，应检查桩体强度、平均直径、桩身中心位置、桩体质量及承载力等。

6.3.4 高压喷射注浆可根据工程要求和当地经验采用开挖检查、取芯（常规取芯或软取芯）、标准贯入试验、载荷试验或围井注水试验等方法进行检验，并结合工程测试、观测资料及实际效果综合评价加固效果。

6.3.5 检验点应布置在下列部位：

（1）有代表性的桩位。

（2）施工中出现异常情况的部位。

（3）地基情况复杂，可能对高压喷射注浆质量产生影响的部位。

6.3.6 检验点的数量不少于施工孔数的 2%，并不应少于 6 点。

6.3.7 质量检验宜在高压喷射注浆结束 28d 后进行。

6.3.8 竖向承载旋喷桩地基竣工验收时，承载力检验应采用复合地基载荷试验和单桩载荷试验。

6.3.9 载荷试验必须在桩身强度满足试验条件时，并宜在成桩 28d 后进行。检验数量不少于桩总数的 1‰，且每项单体工程不应少于 3 点。

6.3.10 高压喷射注浆地基质量检验标准应符合表 6.3.10 的规定。

表 6.3.10 高压喷射注浆地基质量检验标准

项目	序号	检查项目	允许偏差或允许值		检查方法
			单位	数值	
主控项目	1	水泥及外掺剂质量	符合出厂要求		查产品合格证书或抽样送检
	2	水泥用量	设计要求		查看流量表及水泥浆水灰比
	3	桩体强度或完整性检验	设计要求		按规定方法
	4	地基承载力	设计要求		按规定方法
一般项目	1	钻孔位置	mm	≤50	用钢尺量
	2	钻孔垂直度	%	≤1	经纬仪测钻杆或实测
	3	孔深	mm	±200	用钢尺量
	4	注浆压力	按设定参数指标		查看压力表
	5	桩体搭接	mm	>200	用钢尺量
	6	桩体直径	mm	≤50	开挖后用钢尺量
	7	桩身中心		≤0.2D	开挖后桩顶下 500mm 处用钢尺量，D 为桩径

6.4 安全控制措施

6.4.1 安全要求

（1）施工区域应设警示标志，严禁非工作人员出入。

（2）施工中应对机械设备进行定期检查、养护、维修。

（3）为保证施工安全，现场施工人员必须佩戴安全帽，现场设有专人统一指挥，并设一名专职安全员负责现场的安全工作，坚持班前进行安全教育制度。

（4）旋喷桩施工中，制定合理的作业程序和机械车辆走行路线，现场设专人指挥、调度，并设立明显标志，防止相互干扰碰撞，机械作业要留有安全距离，确保协调、安全施工。

（5）设备进场必须办好进场验收手续，严禁未经验收合格的设备投入运行。

（6）设备用电必须有专用开关箱，并实行"一机一闸一漏一箱"的安全用电措施。

（7）特种作业人员必须持省级建设行政主管部门核发的特种作业人员资格证上岗。

6.4.2 电缆沟旁施工安全预控措施

1. 施工内容描述

（1）危险源发生的工程和环节描述。

1）施工作业时，车辆、人员、机具、物料侵入既有线界限；

2）施工时对既有线地下管线认识不清，造成损坏；

3）基坑开挖造成的既有路基坍塌。

鉴于上述情况，建立应急预案，做好应急准备，以高效的工作杜绝施工影响安全，防止人员伤亡和避免企业经济损失。

（2）危险源可能产生的后果或危害。

1）施工时对既有线地下管线认识不清，造成通信、信号损坏，影响医院正常使用及安全；

2）基坑开挖造成的路基坍塌，影响行车和人身安全。

2．采取的主要预控措施

根据工地安全生产目标，结合现场实际情况，为了确保工地安全，制定旋喷桩施工专项安全措施。

（1）电缆沟旁旋喷桩施工作业专项安全措施。

1）为保证旋喷桩施工过程中安全，施工时对既有线进行位移、沉降观测，设观测桩，发现情况及时采取措施，保证安全。

2）邻近电缆沟的钻机移位过程中，风缆必须与地锚连接牢固，防护员、安全员必须现场指挥，跟班作业。地锚尺寸选择 1m×1m×1m 的正方体混凝土地锚，通过计算，可以满足机械抗倾覆要求。

3）参加施工的职工必须通过进场三级教育、安全教育及安全质量技术交底等内容的教育。

4）施工结束后要认真清理现场，断开临时用电电源。机械、工具、设备停放在安全地带，确认安全后方可离开现场。

5）电缆沟旁施工作业，应设置距电缆沟不少于 2m 的围挡，设备运转前应检查是否处良好状态，并派专人进行防护，防护人员平时应经常检查风缆绳是否牢固。收工前工地负责人应组织专人对本工地进行一次详细检查，确认无事故隐患，才准撤除防护收工。防护人员必须跟班作业。

6）加强对员工的安全教育，增强安全意识，提高防范能力。严格按照有关劳动保护法律、法规和有关劳动保护条例、规定及有关安全生产的要求执行，确保安全生产。

（2）管理措施。为确保施工安全，采取切实可行的安全防护措施。

1）施工前与设计单位、建设单位、监理单位、设备管理单位及行车组织单位建立联系，沟通情况，提报施工方案，明确施工地段地下的管、线、电缆设施的准确位置及既有的设备情况，防止施工时造成破坏，保证铁路行车安全，避免影响或中断既有线运营。

2）紧邻既有线作业的各种机械设备严禁超限和侵限，施工时在靠近既有线一侧设置明显标志和隔离带。

3）施工前对影响正常施工的通信线路和公用设备，与主管部门联系，能够改线迁移的就重新设置；不能改线迁移的，在主管部门监督下做好防护设施，严禁损坏。

4）邻近电缆沟施工时，对危及人身安全的危险部位，必须设有须知、符合防护的安全标志、安全警示牌和安全防护设施，严禁非施工人员进入施工现场。

5）施工完毕后，施工负责人应检查线路确定各种施工机具、材料不侵入限界。

6）施工中经常和气象部门联系，及时掌握气温、风沙、雨雪、水文等预报，做好防范工作。

7）各种机具设备和劳动保护用品定期进行检查和必要的试验，保证其处于良好状态。

8）施工现场设有安全标志。危险地区悬挂"危险"等警告标志。

6.4.3 安全生产检查

1. 开工前的安全检查

主要内容包括：施工组织设计是否有安全措施，施工机械设备是否配齐安全防护装置，安全防护设施是否符合要求，施工人员是否经过安全教育与培训，施工安全责任制是否建立，施工中潜在的事故和紧急情况是否有应急预案等。

2. 定期安全生产检查

每月组织安全生产大检查，积极配合上级进行专项和重点检查；班组每日进行自检、互检、交接班检查。

3. 经常性的安全检查

安检工程师、安全员日常巡回安全检查。检查重点：施工用电、机械配备等。

4. 专业性的安全检查

针对施工现场的重大危险源，对施工现场的特种作业安全，现场的施工技术安全，现场大中型设备的使用、运转、维修进行检查。

6.4.4　保护人身、既有设备及地下管、线、缆的措施

施工前，在查明的地下管线径路上设立标志或放灰线，并向施工人员进行交底。开挖工作应在相关专业施工单位派驻现场监护人员的监护下进行，一旦发生损坏，及时组织抢修。

在已查明的管线、电缆径路两侧各 1.5m 范围内，不得用机械挖掘。挖掘时禁用铁镐和双齿尖耙，要做到逐层轻插浅挖，直至地下管线、电缆暴露。对挖出的管线、电缆进行保护或迁移。

施工期间配备足够数量的通信设备，保证施工中通信畅通。

对已完工的隐蔽设施，施工前要与通信、供水、供电等相关专业施工单位，共同确认地下管线、电缆设施的位置、

径路，划定需要防护施工的范围。

未查明的地下设施除了请各设备管理单位共同在现场确认以外，还必须人工挖"十字形"沟槽挖探，沟槽沿既有铁路每50m挖一处，确认无地下设施后方可进行施工。

所有施工人员施工前必须进行营业线施工安全培训教育，并通过考试合格后方可上岗作业。

严格按照各种机械设备规定的安全操作规程和营业线施工的有关规定进行操作，严禁违章作业，确保人身安全。作业人员在班前严禁饮酒，上班必须佩戴安全帽、穿防滑鞋，确保人身安全。

施工作业必须按照有关规定进行。施工人员要站在安全地带，集体作业时要保持安全间距，防止发生人员碰伤、砸伤、撞伤事故。

夜间的各种施工作业安排专人进行盯岗，合理安排施工程序和施工人员，控制好各个施工环节，确保夜间施工的正常进行。配备足够数量的发电装置，一旦照明断电，立即采用发电装置进行发电。

7 钢板桩与钢筋混凝土板桩

7.1 施工要点

7.1.1 邻近建（构）筑物及地下管线的板桩围护墙，宜采用静力压桩法施工，并根据检测情况控制压桩速率。

7.1.2 板桩可采用单桩打入、排桩打入、阶梯打入等方法，板桩最后闭合处采用屏风法沉桩。

7.1.3 板桩打设前宜沿板桩两侧设置导架。导架应有一定的强度及刚度，不得随板桩打设而下沉或变形，施工时应经常观测导架的位置及标高。

7.1.4 板桩打设宜采用振动锤，锤击时应在桩锤与板桩之间设置桩帽，打设时应重锤低击。

7.1.5 板桩可采用单桩打入及屏风式打入法，最后闭合处宜采用屏风法打设。半封闭和全封闭的板桩，应根据板桩的规格和封闭段的长度计算板桩的块数。

7.1.6 钢板桩施工应符合下列要求：

（1）钢板桩的规格、材质与排列方式应符合设计或施工工艺的要求。钢板桩堆放场地应平整坚实，组合钢板桩堆高不宜超过3层。

（2）钢板桩打入前应进行验收，桩体不应弯曲，锁口不应有缺损和变形；后续桩和先打桩间的钢板桩锁扣使用前应通过套锁检查。

（3）桩身接头在同一截面内不应超过 50%，接头焊缝质量应不低于Ⅱ级焊缝要求。

（4）钢板桩拔出后的空隙应及时注浆充填密实。

7.1.7 混凝土板桩施工应符合下列要求：

（1）混凝土板桩构件强度达到设计强度的 30% 后方可拆模，达到设计强度的 70% 以上方可吊运，达到设计强度的 100% 后方可沉桩。

（2）混凝土板桩打入前应进行桩体外形、裂缝、尺寸等检查。

（3）混凝土板桩的始桩应较一般桩长 2～3m，转角处应设置转角桩，始桩和转角桩的桩尖应制成对称形式。

（4）混凝土桩板间的凹凸榫应咬合紧密。

7.1.8 板桩回收应在地下结构与板桩墙之间回填施工完成后进行。板桩在拔除前应先用振动锤振动钢板桩，拔出后的桩孔应及时采用注浆填充。

7.2 质量控制措施

7.2.1 建立健全质量安全管理网络，分工明确，责任到人，及时发现和清除各种质量安全隐患，防患于未然。以项目经理为质量第一负责人，任命 1～2 名合适的有资格人员负责质量管理方面的工作，并保持与设计施工等各方面有效协调。

7.2.2 各种原材料、半成品严格按质量要求进行采购。钢板桩送到现场后，应及时检查、分类、编号，钢板桩锁口应以一块长 1.5～2.0m 标准钢板桩进行滑动检查，凡锁口不合格应进行修正合格后方能使用。

7.2.3 使用新钢板桩时，要有其机械性能和化学成分的出厂证明文件，并详细丈量尺寸，检验是否符合要求。

7.2.4 在拼接钢板桩时，两端钢板桩要对正顶紧夹持于牢固的夹具内施焊，要求两钢板桩端头间缝隙不大于 3mm，断面上的错位不大于 2mm。

7.2.5 对组拼的钢板桩两端要平齐，误差不大于 3mm，钢板桩组上下一致，误差不大于 30mm，全部的锁口均要涂防水混合材料，使锁口嵌缝严密。

7.2.6 为保证插桩顺利合拢，要求桩身垂直，并且围堰周边的钢板数要均分，在施工中加强测量工作，发现倾斜，及时调整，使每组钢板桩在顺围堰周边方向及其垂直方向的倾斜度均不大于 0.5%。同时，为使围堰周边能为钢板桩数所均分，事先在围堰导梁上按钢板桩组的实际宽度画出各组钢板桩的位置，使宽度误差分散，并在插桩时，据此调整钢板桩的平面位置，使误差不大于 ±15mm。当调整有困难时，将合拢口两边各几组钢板桩不插到施工所需标高，在悬挂状态下进行调整。在无法顺利合拢时，根据合拢口的实际尺寸制造异型钢板桩，采用连接件法、骑缝搭接法、轴线调整法、反扣补桩、大锁扣扣打等辅助措施密封合拢。

7.2.7 使用拼接接长的钢板桩时，钢板桩的拼接接头不能在围堰的同一断面上，而且相邻桩的接头上下错开至少 2m，所以，在组拼钢板桩时要预先配桩，在运输、存放时，按插桩顺利堆码，插桩时按规定的顺序吊插。

7.2.8 在进行钢板桩的插打时，当钢板桩的垂直度较好时，一次将桩打到要求深度；当垂直度较差时，要分两次进行施打，即先将所有的桩打入约一半深度后，再第二次打到要求深度。

7.2.9　钢板桩围堰在基坑开挖使用过程中，钢板桩锁口漏水，在围堰外撒大量细炉渣、木屑、谷糠等细物，借漏水的吸力附于锁口内堵水，或者在围堰内用板条、棉絮等揳入锁口内嵌缝。撒炉渣等物堵漏时，要考虑漏水、掉土的方向并尽量接近漏缝，漏缝较深时，用袋装下放到漏缝附近处徐徐倒撒。同时，当围堰内开挖至各层支撑围檩处时，逐层将围檩与钢板桩之间的缝隙用混凝土浇筑密实，使围檩受力均匀。

7.2.10　板桩施工时常见问题与处理方法

1. 打桩阻力过大不易贯入

这由两种原因引起：一是钢板桩连接锁口变形、锈蚀，使钢板桩不能顺利沿锁口而下，对此应在打桩前对钢板桩桩体及锁口进行检查与处理；二是在坚实的砂层中打桩，桩的阻力过大，对此，应对地质情况做详细分析，研究贯入的可能性，可采取在沉桩同时注水助沉的方法。

2. 板桩向行进方向扇形倾斜

采用"屏风法沉桩工艺"后这种倾斜会大大减少。板桩入土过程中，因与前一板桩的锁口连接处的阻力大于另一侧空锁口处周围土体对桩的阻力，使得板桩头部向行进方向位移。对此，要注意保证钢板桩锁口通畅，另外，在锁口内涂抹油脂，以减少锁口阻力，同时在施工围檩上采取加设钢板桩"定位器"，限制钢板桩头部向行进方向位移。当钢板桩墙体扇形倾斜已经形成后，要尽早调整，可根据实测的倾斜数据特别制作一根上、下宽度不一（上窄下宽）的楔形桩（千万注意调整该桩及锁口的顺直与通顺）给予纠正。

3. 将相邻板桩带入

主要原因乃是连接锁口处阻力太大，采取第 2 条所述的相应措施，可改善"邻桩带入"情况。一旦出现邻桩带入趋势，要将会被带入的桩与其他已打好的桩用电焊相连，防止带下。

4. 桩身扭转

因钢板桩锁口是铰式连接，在下插和锤击时会产生扭转位移，必须及时制止与纠正，否则会使板桩墙中心轴线偏斜。为了阻止桩身扭转，可在打桩行进方向的围檩上安装"限位器"与围檩一起组成限位，以锁住正在沉入的钢板桩的另一安装侧锁口的位置。注意该"限位器"与围檩搭接牢固，"限位器"的缺口槽内及时涂抹油脂，以利桩体下沉。

5. 锁口渗水

钢板桩墙体形成后，锁口铰接处会有少许渗漏，这对有抗渗漏要求较高的永久性结构是不允许的。一般在沉桩前，在锁口内嵌填黄油、沥青、干锯末的混合油脂（3 种材料体积相等），抗渗效果较好，也有利于板桩的打入。近年来，在船坞钢板桩墙体施工时，在锁口内嵌填聚氨酯类遇水膨胀腻子，抗渗效果很好。

6. 锁口脱开

钢板桩锁口受损，打桩过程中遇到障碍仍然硬打，均会造成锁口脱开。因此，施工前对锁口的逐一检查必须严格执行。打桩受阻时一定要搞清受阻原因，不能硬打。另外，在"屏风法"工艺送桩时，会产生桩体相互挤压而造成锁口脱开，可在屏风法送桩前拆除末端钢板桩的限位，以及 Z 形组合桩加固板、钳口板，以释放板桩墙的挤压力。

7. 拔桩困难

临时钢板桩结构拔除时，产生拔桩困难，主要是锁口锈蚀变形，钢板桩插入硬土等原因造成，因此，打桩时注意钢板桩及锁口顺直、通畅，锁口内涂抹黄油，仍是保证拔桩顺利的主要措施。另外，打桩时若采取组合桩打桩，要留有组合桩的编号与位置，打桩时采取桩体之间焊接措施的，也要记录在案，供拔桩时对照。拔除墙体第一根桩时均要避开上述有相互联系的桩体。一旦第一根桩被拔出，因少了一侧的锁口阻力，以后的拔桩将会较顺利。拔桩前根据地质资料及打桩时的易难程度估算拔桩力，选用相应的拔桩机械（振动锤）与辅助设备。首根桩一般较难拔，可先用锤打击几下，使得锁口间出现松动，也可在板桩的两侧先振插一根钢管以注水注气，破坏土体对被拔桩的侧压力，采取上述措施后，桩体一般均能被拔出。

7.3 质量检查与验收

7.3.1 钢板桩围堰施工检查

新钢板桩验收时，应有出厂合格证。机械性能和尺寸符合要求。经整修或焊接后的钢板桩，应用同类型的钢板桩做锁口通过试验检查。

验收或整修后的钢板桩，应分类编号、登记堆存，搬运和起吊时不得损坏锁口和由于自重而引起残余变形；当吊装设备起吊能力许可时，可将2～3块钢板桩拼为一组并夹牢后起吊。

钢板桩接长应等强度焊接。

7.3.2 插打钢板桩应符合下列规定：

（1）插打前，在锁口内应涂抹防水混合料，组拼桩时应用油灰和棉絮捻塞拼接缝，插打顺序应按施工组织设计进行，可由上游分两侧插向下游合拢。

（2）插打时，必须有可靠的导向设备，宜先将全部钢板桩逐根或逐组插打稳定，然后依次打到设计高程。

（3）开始打的几根或几组钢板桩，应检查其平面位置和垂直度，当发现倾斜时应立即纠正。

（4）当吊桩起重设备高度不够时，可改变吊点位置，但不得低于桩顶以下 1/3 桩长。

（5）钢板桩可用锤击、振动或辅以射水等方法下沉，锤击时应使用桩帽。

（6）钢板桩因倾斜无法合拢时，应使用特制的楔形钢板桩，楔形钢板桩的上下宽度之差不得超过桩长的 2%。

（7）钢板桩相邻接头应上下错开不少于 2m。

（8）围堰将近合拢时，应经常观测四周的冲淤状况，并采取预防上游冲空和下游淤积的措施。

（9）当同一围堰内使用不同类型钢板桩时，应将两种不同类型钢板桩各一半拼接成异型钢板桩才能使用。

（10）锁口漏水，可用板条及旧棉絮条等在内侧嵌塞，同时在漏缝外侧水面撒细炉渣与木屑等使其随水流自行堵塞，必要时可外部堵漏，较深处的渗漏，可将炉渣等送到漏水处堵漏。

（11）河流水位涨落较大地区的围堰，应采取措施防止围堰内水位高于外侧。

（12）拔桩前应向围堰内灌水，保持内外水位相等，拔桩应从下游开始。

7.3.3　钢板桩围堰必须符合下列规定：

（1）桩尖高程符合设计要求。

（2）经过整修或焊接的钢板桩应通过试验做锁口。

（3）钢板桩接长时，应采取等强度焊接接长，相邻钢板桩接头上下错开 2m 以上。

7.3.4 钢板桩围护墙施工偏差应符合表 7.3.4 的要求。

表 7.3.4 钢板桩围护墙允许偏差

序号	检查项目	允许偏差或位移值	检查数量		检验方法
			范围	点数	
1	轴线位置/mm	100	每 10m（连续）	1	经纬仪及尺量
2	桩顶标高/mm	±100	每 20 根	1	水准仪
3	桩长/mm	±100	每 20 根	1	尺量
4	桩垂直度/mm	1/100	每 20 根	1	线锤及直尺

7.3.5 混凝土板桩围护墙施工偏差应符合表 7.3.5 的要求。

表 7.3.5 混凝土板桩围护墙允许偏差

序号	检查项目	允许偏差和位移值	检查数量		检验方法
			范围	点数	
1	轴线位置/mm	100	每 10m（连续）	1	经纬仪及尺量
2	桩顶标高/mm	±100	每 20 根	1	水准仪
3	桩垂直度/mm	1/100	每 20 根	1	线锤及直尺
4	板缝间隙/mm	20	每 10m（连续）	1	尺量

7.3.6 钢板桩均为工厂成品，新桩可按出厂标准检验，重复使用的钢板桩检验标准应符合表 7.3.6-1 的规定，混凝土板桩制作标准应符合表 7.3.6-2 的规定。

表 7.3.6-1　重复使用的钢板桩检验标准

序	检查项目	允许偏差或允许值		检查方法
		单位	数值	
1	桩垂直度	%	<1	用钢尺量
2	桩身弯曲度		<2%l	用钢尺量，l 为桩长
3	齿槽平直度及光滑度	无电焊渣或毛刺		用 1m 长的桩段做通过试验
4	桩长度	不少于设计长度		用钢尺量

表 7.3.6-2　混凝土板桩制作标准

项目	序号	检查项目	允许偏差或允许值		检查方法
			单位	数值	
主控项目	1	桩长度	mm	+10 0	用钢尺量
	2	桩身弯曲度		<0.1%l	用钢尺量，l 为桩长
一般项目	1	保护层厚度	mm	±5	用钢尺量
	2	模截面相对两面之差	mm	5	用钢尺量
	3	桩尖对桩轴线的位移	mm	10	用钢尺量
	4	桩厚度	mm	+10 0	用钢尺量
	5	凹凸槽尺寸	mm	±3	用钢尺量

　　注意：表 7.3.6-1 中检查齿槽平直度不能用目测，有时看来较直，但施工时仍会产生很大的阻力，甚至将桩带入土层中。用一根短样桩，沿着板桩的齿口，全长拉一次，如能顺利通过，则将来施工时不会产生大的阻力。

7.4　安全控制措施

7.4.1　钢板桩施工过程中的安全检查

（1）检查参加施工的管理人员和员工对安全生产工作的认识，提高一线员工的安全生产意识，增强工作责任心。

（2）检查安全生产责任制、安全技术措施计划、安全保证措施、安全技术交底、安全教育、持证上岗、安全设施、安全标志、操作规程、违章行为、安全记录等，以及安全生产管理是否有效地运行。

（3）检查隐患。主要是针对施工现场是否符合安全生产、文明生产的要求，检查安全控制措施是否有力、到位，工程技术与安全技术是否结合为统一体。

（4）检查整改。主要是针对上次检查提出的整改要求落实情况，并针对此次检查出的问题提出整改意见。

（5）安全检查要深入基层、紧紧依靠员工，坚持领导与群众相结合的原则，组织好检查工作。建立检查组织领导机构，配备适当的检查力量，挑选具有较高技术业务水平的专业人员参加。做好检查的各项准备工作，包括思想、业务知识、法规政策和检查设备、奖金的准备。

（6）明确检查的目的和要求。既要严格要求，又要防止一刀切，要从实际出发，分清主次矛盾，力求实效。把自查与互查有机结合起来。班组以自检为主，各相应部门间互相检查，取长补短，相互学习和借鉴。

（7）坚持查改结合。检查不是目的，只是一种手段，整改才是最终目的。发现问题要及时采取切实有效的防范措施。建立检查档案。结合安全检查表的实施，逐步建立健全检查档案，收集基本数据，掌握基本安全状况，分析总结、持续发展。

7.4.2 钢板桩插打安全注意事项

（1）插打时要严格控制垂直度，特别是第一根桩。

（2）在硬塑性黏土上插打钢板桩时，可采用"插打—拔起—再插打"的方法，让水渗入到黏土之间，减小摩擦，加快插打速度。

（3）当钢板桩难以下插时，应停下来分析原因，检查锁口是否变形，桩身是否变形，钢板桩有无障碍物等。

（4）定期检查履带吊机大臂的螺栓，以防松动掉落。

（5）振动锤的夹板由液压控制，必须经常检查液压设备，防止因液压泵失灵而引起钢板桩掉落。

（6）振动锤的电动机长期超负荷运转，容易发热烧毁，尤其在硬塑性黏土上打拔钢板桩时更应注意。

（7）振动锤所接电缆应经常派人进行检查，以防漏电。

（8）钢板桩插打过程中必须安排专人检查钢丝绳是否断丝、卡头、松动。

（9）钢板桩打入过程中应将振动锤提升到一定位置固定牢靠，防止吊桩时振动锤坠落。

（10）起吊时吊点正确，速度均匀，桩身平稳，必要时要清理桩身附着物，起吊后人员必须离开起吊范围。

（11）钢板桩施工过程中，不可有人停留在振动锤下方，以免振动锤上面附件掉落，造成人员伤亡。

7.4.3 机械设备安全保证措施

（1）机械设备操作人员（或驾驶员）必须经过专门训练，熟悉机械操作性能，经专业管理部门考核取得操作证或驾驶证后上机（车）操作。

（2）机械设备操作人员和指挥人员严格遵守安全操作技术规程，工作时集中精力，谨慎工作，不擅离职守，严禁酒后驾驶。

（3）机械设备发生故障后及时检修，绝不带故障运行，不违规操作，杜绝机械和车辆事故。

（4）机械操作人员做好各项记录，达到准确、及时，严格贯彻操作制度，认真执行清洁、润滑、坚固、防腐、安全的十字作业法。

（5）设备及工具摆放整齐，不得随意摆放。

7.4.4 电焊、气焊、钢筋加工安全技术要点

1. 电焊

（1）电焊机应安设在干燥、通风良好的地点，周围严禁存放易燃、易爆物品。电焊机应有完整的防护外壳。

（2）电焊机应设置单独的开关箱，作业时应穿戴防护用品，施焊完毕，拉闸上锁。遇雨雪天，应停止露天作业。现场使用的电焊机应设有可防雨、防潮、防晒的设施。

（3）在潮湿地点工作，电焊机应放在木板上，操作人员应站在绝缘胶板或木板上操作。焊接时，焊接和配合人员必须采取防触电的安全措施。

（4）严禁在带压力的容器和管道上施焊。焊接带电设备时，必须先切断电源。

（5）贮存过易燃、易爆、有毒物品的容器或管道，焊接前必须清洗干净，将所有孔口打开，保持空气流通。

（6）在密闭的金属容器内施焊时，必须开设进、出风口。容器内照明电压不得超过36V。焊工身体应用绝缘材料与容器壳体隔离开。施焊过程中每隔半小时至一小时外出休息10～15min，并应有安全人员在现场监护。严禁在已喷涂过油漆或塑料的容器内焊接。

（7）把线、地线不得与钢丝绳、各种管道、金属构件等接触，不得用这些物件代替接地线。把线、地线不得搭在易燃、易爆和带有热源的物品上，地线接地电阻不大于4Ω。

（8）更换场地，移动电焊机时，必须切断电源，检查现场，清除焊渣。

（9）在高空焊接时，必须系好安全带。焊接周围应备有消防设备。

（10）焊接模板中的钢筋、钢板时，施焊部位下面应垫石棉板或铁板。长期停用的电焊机，使用前，必须检查其绝缘电阻不得低于 0.5MΩ，接线部分不得有腐蚀和受潮现象。焊接过程中，焊接人员应经常检查电焊机的温升，如超过 A 级 600℃、B 级 800℃时，次序停止运转并降温。施焊现场 10m 范围内，不得堆放氧气瓶、乙炔发生器、木材等易燃易爆物。作业后，清理场地、灭绝火种、切断电源、锁好电闸箱、消除焊料余热后，方可离开。

2. 气焊

（1）乙炔瓶的使用。禁止敲击、碰撞。要立放，不能卧放，以防丙酮流出，引起爆炸。气瓶立放 15～20min 后，才能开启瓶阀使用。拧开时，不要超过 1.5 转，一般情况只拧 3/4 转。

不得靠近热源和电气设备，夏季要防止暴晒，与明火的距离一般不小于 10m（高处作业时，应是与处置地面处的平行距离）。

瓶阀冻结，严禁用火烘烤，必要时可用 40℃ 以下的温水解冻。

吊装、搬运时，应使用专用夹具和防振的运输车，严禁用电磁起重机和链绳吊装搬运。

严禁放置在通风不良的场所，且不得放在橡胶等绝缘体上。

工作地点不固定且移动较频繁时，应装在专用小车上；

同时使用乙炔瓶和氧气瓶时，应尽量避免放在一起。

（2）焊炬的使用。使用前应首先检查其射吸性能，如不正常，必须进行修理。

射吸性能检查正常后，进行漏气检查。

发生回火时，应急速关闭乙炔瓶，随后立即关闭氧气瓶。

（3）割炬的使用。气割前应将工件表面的漆皮、锈层和油污清理干净。工作地面是水泥地面时，应将工件垫起，以防锈皮和水泥爆溅后伤人。

气割前应进行点火试验。

（4）胶管的使用。使用和保管时，应防止与酸、碱、油类以及其他有机溶剂接触，以防胶管损坏、变质。

使用中应避免受外界挤压和砸碰等机械损伤，不得将胶管折叠，不得与炽热的工件接触。

（5）乙炔表、氧气表的使用。焊接（或气割）工作中压力表指示值不大于乙炔发生器最高工作压力值 0.15MPa。

压力表必须按规定经计量部门检验校正后，方可使用。超过有效期限的压力表，应重新进行检验校正，否则不得使用。

（6）氧气瓶的使用。在贮运和使用过程中，要采取措施避免剧烈振动和撞击，尤其是在严寒季节，金属材料易发生脆裂而造成气瓶爆炸。

搬运气瓶时，应用专门的台架或小推车，不得肩背手扛，禁止直接使用钢丝绳、铁链条、电磁吸盘等吊运氧气瓶。应轻装轻卸，严禁气瓶从高处滑下或在地面滚动。

要防止气瓶直接受热，应远离高温、明火和熔融金属飞溅物等 10m 以上。

超过检验期限的气瓶不得使用。氧气瓶每 3 年必须做一次技术检验。

3. 钢筋加工

（1）钢筋施工场地应满足作业需要，机械设备的安装要牢固、稳定，作业前应对机械设备进行检查。

（2）钢筋调直及冷拉场地应设置防护挡板，作业时非作业人员不得进入现场。

（3）钢筋切断机作业前，应先进行试运转，检查刃口是否松动，运转正常后，方能进行切断作业。切长料时应有专人把扶，切短料时要用钳子或套管夹牢。不得因钢筋直径小而集束切割。

（4）采用人工锤击切断钢筋时，钢筋直径不宜超过20mm，使锤人员和把扶钢筋、剪切工具人员身位要错开，防止断下的短头钢筋弹出伤人。

（5）加工较长的钢筋时，应有专人帮扶，并听从操作人员指挥，不得任意推拉。

7.4.5　安全文明施工

（1）进入现场施工人员必须佩戴安全帽，讲究文明用语，杜绝打架斗殴、酗酒等不文明行为。

（2）运土车出场，轮胎要清洗干净。

（3）注意工地防火，现场要摆放防火器材。

8 型钢水泥土搅拌桩

8.1 施工要点

8.1.1 型钢水泥土搅拌桩施工前应通过成桩试验确定搅拌下沉和提升速度、水泥浆液水灰比等工艺参数及成桩工艺，成桩试验不宜少于 2 根。

8.1.2 水泥土搅拌桩可采用跳打方式、单侧挤压方式、先行钻孔套打方式的施工顺序。当在硬质土层中成桩困难时，宜采用预先松动土层的先行钻孔套打方式施工。桩与桩的搭接时间间隔不宜大于 24h。

8.1.3 搅拌机头在正常情况下为上下各一次对土体进行喷浆搅拌，对含沙量大的土层，宜在搅拌桩底部 2～3m 范围内上下重复喷浆搅拌一次。

8.1.4 拟拔出回收的型钢，插入前应先在干燥条件下除锈，再在其表面涂刷减摩材料。完成涂刷后的型钢，在搬运过程中应防止碰撞和强力擦挤。减摩材料如有脱落、开裂等现象应及时补救。

8.1.5 对环境保护要求高的基坑，宜选择挤土量小的搅拌机头，并应通过监测结果调整施工参数。当邻近保护对象时，搅拌下沉速度宜控制在 0.5～0.8m/min 范围内，提升速度宜小于 1m/min；喷浆压力不宜大于 0.8MPa。

8.1.6 型钢宜在水泥土搅拌桩施工结束后 30min 内完成，

型钢宜依靠自重插入；相邻型钢焊接接头位置应相互错开，竖向错开距离不宜小于 1m。

8.1.7 周边环境条件复杂、保护要求高的基坑工程，型钢不宜回收。对需回收的型钢工程，型钢拔出后留下的空隙应及时注浆填充，并应编制包括水泥浆液配合比、注浆工艺、拔除顺序等内容的专项方案。

8.1.8 施工设备

（1）三轴水泥土搅拌桩施工应根据地质条件和周边环境条件、成桩深度、桩径等选用不同形式和不同功率的三轴搅拌桩机，与其配套的桩架性能参数应与搅拌机的成桩深度相匹配，钻杆及搅拌叶片构造应满足在成桩过程中水泥和土能充分搅拌的要求。

（2）三轴搅拌桩机应符合以下规定：

1）搅拌驱动电机应具有工作电流显示功能；

2）应具有桩架垂直度调整功能；

3）主卷扬机应具有无级调速功能；

4）采用电机驱动的主卷扬机应有电机工作电流显示，采用液压驱动的主卷扬机应有油压显示；

5）桩架立柱下部搅拌轴应有定位导向装置；

6）在搅拌深度超过 20m 时，应在搅拌轴中部位置的立柱导向架上安装移动式定位导向装置。

（3）注浆泵的工作流量应可调节，其额定工作压力不宜小于 2.5MPa，并应配置计量装置。

8.1.9 施工准备

（1）基坑工程实施前，应掌握工程的性质、用途、规模、工期、安全与环境保护要求等情况，并应结合调查得到的施工条件、地质状况及周围环境条件等因素编制施工组织设计。

（2）水泥土搅拌桩施工前，对施工场地及周围环境进行调查，应包括机械设备和材料的运输路线、施工场地、作业空间、地下障碍物的状况等。对影响水泥土搅拌桩成桩质量及施工安全的地质条件（包括地层构成、土性、地下水等）必须详细调查。

（3）施工现场应先进行场地平整，清除搅拌桩施工区域的表层硬物和地下障碍物，遇明洪、暗塘或低洼地等不良地质条件时应抽水、清淤、回填素土并分层夯实。现场道路的承载能力应满足桩机和起重机平稳行走的要求。

（4）水泥土搅拌桩施工前，应按照搅拌桩桩位布置图进行测量放样并复核验收。根据确定的施工顺序，安排型钢、配套机具、水泥等物资的放置位置。

（5）根据型钢水泥土搅拌墙的轴线开挖导向沟，应在沟槽边设置搅拌桩定位型钢，并应在定位型钢上标出搅拌桩和型钢插入位置。

（6）若采用现浇的钢筋混凝土导墙，导墙宜筑于密实的土层上，并高出地面 100mm，导墙净距应比水泥土搅拌桩设计直径宽 40～60mm。

（7）搅拌桩机和供浆系统应预先组装、调试，在试运转正常后方可开始水泥土搅拌桩施工。

（8）施工前应通过成桩试验确定搅拌下沉和提升速度、水泥浆液水灰比等工艺参数及成桩工艺；测定水泥浆从输送管到达搅拌机喷浆口的时间。当地下水有侵蚀性时，宜通过试验选用合适的水泥。

（9）型钢定位导向架和竖向定位的悬挂构件应根据内插型钢的规格尺寸制作。

8.1.10 水泥土搅拌桩施工一般规定

（1）水泥土搅拌桩施工时桩机就位应对中，平面允许偏差应为±20mm，立柱导向架的垂直度不应大于1/250。

（2）搅拌下沉速度宜控制在0.5～1m/min，提升速度宜控制在1～2m/min，并保持匀速下沉或提升。提升时不应在孔内产生负压造成周边土体的过大扰动，搅拌次数和搅拌时间应能保证水泥土搅拌桩的成桩质量。

（3）对于硬质土层，当成桩有困难时，可采用预先松动土层的先行钻孔套打方式施工。

（4）浆液泵送量应与搅拌下沉或提升速度相匹配，保证搅拌桩中水泥掺量的均匀性。

（5）搅拌机头在正常情况下应上下各一次对土体进行喷浆搅拌，对含砂量大的土层，宜在搅拌桩底部2～3m范围内上下重复喷浆搅拌一次。

（6）水泥浆液应按设计配合比和拌浆机操作规定拌制，并应通过滤网倒入具有搅拌装置的贮浆桶或贮浆池，采取防止浆液离析的措施。在水泥浆液的配合比中可根据实际情况加入相应的外加剂，各种外加剂的用量均宜通过配合比试验及成桩试验确定。

（7）三轴水泥土搅拌桩施工过程中，应严格控制水泥用量，宜采用流量计进行计量。因搁置时间过长产生初凝的浆液，应作为废浆处理，严禁使用。

（8）施工时如因故停浆，应在恢复喷浆前，将搅拌机头提升或下沉0.5m后再喷浆搅拌施工。

（9）水泥土搅拌桩搭接施工的间隔时间不宜大于24h，当超过24h时，搭接施工时应放慢搅拌速度。若无法搭接或搭接不良，应作为冷缝记录在案，并应经设计单位认可后，在搭接处采取补救措施。

（10）采用三轴水泥土搅拌桩进行土体加固时，在加固深度范围以上的土层被扰动区应采用低掺量水泥回掺加固。

（11）若长时间停止施工，应对压浆管道及设备进行清洗。

（12）搅拌机头的直径不应小于搅拌桩的设计直径。水泥土搅拌桩施工过程中，搅拌机头磨损量不应大于10mm。

（13）搅拌桩施工时可采用在螺旋叶片上开孔、添加外加剂或其他辅助措施，以免带土附着在钻头叶片上。

（14）型钢水泥土搅拌墙施工过程中应按相关规定填写每组桩成桩记录及相应的报表。

8.1.11 型钢的插入与回收

（1）型钢宜在搅拌桩施工结束后30min内插入，插入前应检查其平整度和接头焊缝质量。

（2）型钢的插入必须采用牢固的定位导向架，在插入过程中应采取措施保证型钢垂直度。型钢插入到位后应用悬挂构件控制型钢顶标高，并与已插好的型钢牢固连接。

（3）型钢宜依靠自重插入，当型钢插入有困难时可采用辅助措施下沉。严禁采用多次重复起吊型钢并松钩下落的插入方法。

（4）拟拔出回收的型钢，插入前应先在干燥条件下除锈，再在其表面涂刷减摩材料。完成涂刷后的型钢，在搬运过程中应防止碰撞和强力擦挤。减摩材料如有脱落、开裂等现象应及时修补。

（5）型钢拔除前水泥土搅拌墙与主体结构地下室外墙之间的空隙必须回填密实。在拆除支撑和腰梁时应将残留在型钢表面的腰梁限位或支撑抗剪构件、电焊疤等清除干净。型钢起拔宜采用专用液压起拔机。

8.2 质量控制措施

8.2.1 型钢水泥土搅拌墙施工前，应掌握下列周边环境资料：

（1）邻近建（构）筑物的结构、基础形式及现状。

（2）被保护建（构）筑物的保护要求。

（3）邻近管线的位置、类型、材质、使用状况及保护要求。

8.2.2 搅拌桩施工之前应进行成桩工艺及水泥掺入量或水泥浆的配合比试验，水泥搅拌桩水泥掺入量为20%；要求其28d无侧限抗压强度不小于1.2MPa；水泥采用强度等级为42.5级普通硅酸盐水泥。

8.2.3 对环境保护要求高的基坑工程，宜选择挤土量小的搅拌机头，并应通过试成桩及其监测结果调整施工参数。当邻近保护对象时，搅拌下沉速度宜控制在0.5～0.8m/min，提升速度宜控制在1m/min内；喷浆压力不宜大于0.8MPa。

8.2.4 搅拌桩水泥土块试压强度测定：试块每天每200m³制作一次，每次制作2组，每组3块。试块制作完成，3d后送养护室养护。

8.2.5 搅拌桩应在施工后一周内进行开挖检查或采用钻孔取芯等手段检查成桩质量，如不符合设计要求，应及时调整施工工艺。应根据设计要求取样进行单轴抗压强度试验。

8.2.6 土体应充分搅拌，严格控制下沉速度，使原状土充分破碎以利同水泥浆液均匀拌和。同时为了加速和减少对周边地层的影响，搅拌时可接入压缩空气进行充分搅拌。

8.2.7 浆液不能发生离析，水泥浆液应严格按预定配合比制作，为防止灰浆离析，放浆前必须搅拌 30s 再倒入存浆桶。

8.2.8 施工中产生的水泥土浆，可集积在导向沟或现场临时设置的沟槽内，待自然固结后方可外运。

8.2.9 压浆阶段不允许发生断浆现象，输浆管道不能堵塞，全桩须注浆均匀，不得发生夹心层。如发现管道堵塞，立即停泵进行处理。待处理结束后立即把搅拌钻具上提或下沉1.0m 后方能注浆，待 10～20s 后恢复正常搅拌，以防断桩。

8.2.10 严格控制桩与桩搭接施工操作，及时检查，特别是转角处应认真把关，确保桩与桩搭接距离为 20cm，确保套打的成功套孔，搭接时间不得大于 12h，若超过 12h，则应采取补桩或超额注浆搅拌的办法予以补救。

8.2.11 H 型钢要确保垂直度和平整度，不允许出现扭曲现象，插入时要保证垂直度，垂直度偏差不宜大于 0.3%。插入 H 型钢时若有接头，接头应位于开挖面以下，且相邻两根 H 型钢接头应错开 1m 以上。

8.2.12 对需拔出回收的 H 型钢，插入前须涂减摩剂，型钢拔出后应及时用水泥砂浆灌注密实，水泥砂浆比例为1：2。

8.2.13 周边环境条件复杂、支护要求高的基坑工程，型钢不宜回收。

8.2.14 对需回收型钢的工程，型钢拔出后留下的空隙应及时注浆填充，并应编制包括浆液配合比、注浆工艺、拔除顺序等内容的专项方案。

8.2.15 在整个施工过程中，应对周边环境及基坑支护体系进行监测。

8.3 质量检查与验收

8.3.1 一般规定

（1）型钢水泥土搅拌墙的质量检查与验收应分为施工期间过程控制、成墙质量验收和基坑开挖期检查三个阶段。

（2）型钢水泥土搅拌墙施工期间过程控制的内容应包括：验证施工机械性能，材料质量，检查搅拌桩和型钢的定位、长度、标高、垂直度，搅拌桩的水灰比、水泥掺量，搅拌下沉与提升速度，浆液的泵压、泵送量与喷浆均匀度，水泥土试样的制作，外加剂掺量，搅拌桩施工间歇时间及型钢的规格，拼接焊缝质量等。

（3）在型钢水泥土搅拌墙的成墙质量验收时，主要应检查搅拌桩体的强度和搭接状况、型钢的位置偏差等。

（4）基坑开挖期间应检查开挖面墙体的质量，腰梁和型钢的密贴状况以及渗漏水情况等。

（5）采用型钢水泥土搅拌墙作为支护结构的基坑工程，其支撑（或锚杆）系统、土方开挖等分项工程的质量验收应按现行国家标准《建筑地基基础工程施工质量验收规范》（GB 50202）和现行行业标准《建筑基坑支护技术规程》（JGJ 120）等有关规定执行。

8.3.2 检查与验收

（1）浆液拌制选用的水泥、外加剂等原材料的检验项目及技术指标应符合设计要求和国家现行有关标准的规定。

检查数量：按批检查。

检验方法：检查产品合格证及复试报告。

（2）浆液水灰比、水泥掺量应符合设计和施工工艺要求，浆液不得离析。

检查数量：按台班检查，每台班不应少于 3 次。

检验方法：浆液水灰比应用相对密度计抽查；水泥掺量应用计量装置检查。

（3）焊接 H 型钢焊缝质量应符合设计要求和现行行业标准《焊接 H 型钢》（YB/T 3301）的有关规定。H 型钢的允许偏差应符合表 8.3.2-1 的规定。

表 8.3.2-1　H 型钢的允许偏差　　　　　mm

序号	检查项目	允许偏差	检查数量	检查方法
1	截面高度	±5.0	每根	用钢尺量
2	截面宽度	±3.0	每根	用钢尺量
3	腹板厚度	−1.0	每根	用游标卡尺量
4	翼缘板厚度	−1.0	每根	用游标卡尺量
5	型钢长度	±50	每根	用钢尺量
6	型钢挠度	$L/500$	每根	用钢尺量

注：L 为型钢长度。

（4）水泥土搅拌桩施工前，当缺少类似土性的水泥土强度数据或需通过调节水泥用量、水灰比以及外加剂的种类和数量以满足水泥土强度设计要求时，应进行水泥土强度室内配合比试验，测定水泥土 28d 无侧限抗压强度。试验用的土样，应取自水泥土搅拌桩所在深度范围内的土层。当土层分层特征明显、土性差异较大时，宜分别配制水泥土试样。

（5）基坑开挖前应检验水泥土搅拌桩的桩身强度，强度指标应符合设计要求。水泥土搅拌桩的桩身强度宜采用浆液试块强度试验确定，也可以采用钻取桩芯强度试验确定。桩身强度检测方法应符合下列规定：

1）浆液试块强度试验。应取刚搅拌完成而尚未凝固的水泥土搅拌桩浆液制作试块，每台班应抽检1根桩，每根桩不应少于2个取样点，每个取样点应制作3件试块。取样点应设置在基坑坑底以上1m范围内和坑底以上最软弱土层处的搅拌桩内。试块应及时密封水下养护28d后进行无侧限抗压强度试验。

2）钻取桩芯强度试验。应采用地质钻机并选择可靠的取芯钻具，钻取搅拌桩施工后28d龄期的水泥土芯样，钻取的芯样应立即密封并及时进行无侧限抗压强度试验。抽检数量不应少于总桩数的2%，且不得少于3根。每根桩的取芯数量不宜少于5组，每组不宜少于3件试块。芯样应在全桩长范围内连续钻取的桩芯上选取，取样点应取沿桩长不同深度和不同土层处的5点，且在基坑坑底附近应设取样点。钻取桩芯得到试块强度，宜根据钻取桩芯过程中芯样的情况，乘以1.2～1.3的系数。已钻孔取芯完成后的空隙应注浆填充。

3）当能够建立静力触探、标准贯入或动力触探等原位测试结果与浆液试块强度试验或钻取桩芯强度试验结果的对应关系时，也可采用原位试验检验桩身强度。

（6）水泥土搅拌桩地基质量检验标准应符合表8.3.2-2的规定。

表8.3.2-2　水泥土搅拌桩地基质量检验标准

项目	序号	检查项目	允许偏差或允许值		检查方法
			单位	数值	
主控项目	1	水泥及外渗剂质量	设计要求		查看产品合格证书或抽样送检
	2	水泥用量	参数指标		查看流量计
	3	桩体强度	设计要求		按规定办法
	4	地基承载力	设计要求		按规定办法

118

项目	序号	检查项目	允许偏差或允许值		检查方法
			单位	数值	
一般项目	1	机头提升速度	m/min	≤0.5	量机头上升距离及时间
	2	桩底标高	mm	±200	测机头深度
	3	桩顶标高	mm	+200 −50	水准仪（最上部 500mm 不计入）
	4	桩位偏差	mm	<50	用钢尺量
	5	桩径		<0.04D	用钢尺量，D 为桩径
	6	垂直度	%	≤1.5	经纬仪
	7	搭接	mm	>200	用钢尺量

（7）型钢插入允许偏差应符合表 8.3.2-3 的规定。

表 8.3.2-3 型钢插入允许偏差

序号	检查项目	允许偏差或允许值	检查数量	检查方法
1	型钢顶标高/mm	±50	每根	水准仪测量
2	型钢平面位置/mm	50（平行于基坑边线）	每根	用钢尺量
		10（垂直于基坑边线）	每根	用钢尺量
3	形心转角/（°）	3	每根	量角器测量

（8）型钢水泥土搅拌墙验收的抽检数量不宜少于总桩数的 5%。

8.4 安全控制措施

8.4.1 建立和健全安全生产机构，制定安全生产制度，认真贯彻安全生产以防为主的方针。树立"安全第一，预防为主"的观念，在工地醒目处刷贴安全生产标语。工地设专职安全员，负责机械班组的安全生产，对现场安全工作进行检查督促，对违反安全操作规程和发现不安全因素及时纠正。

8.4.2　全体施工人员必须坚持贯彻执行现场安全生产六大纪律，遵守国家和企业颁布的安全生产各项规定。

8.4.3　建立安全生产责任制，项目经理对现场安全工作负总责，健全安全管理网络，工地除设一名专职安全员外，每个班组也需设一名兼职安全员。由安全员、施工队长、班组长组成全方位的安全领导，对整个施工过程安全生产负责。

8.4.4　严格执行施工现场安全防火管理规定，重要部位要设置消防器材，加强消防检查，动用明火需经审批；电、气焊必须执行"十不烧"规定，严禁使用电炉和灯具取暖，电焊机必须"三证"齐全。

8.4.5　氧气瓶、乙炔瓶分别安置于活动的铁笼子里，并挂牌写明责任人。

8.4.6　进入工地施工人员必须佩胸卡，进入现场必须戴好安全帽，扣好安全带；在搭拆桩架或空中作业时必须系好安全带，扣好安全钓鱼钩。

8.4.7　订立岗位安全责任制及奖罚制度，层层落实，遵守"一管二定三检量四不放"制度。

8.4.8　吊车应遵守"十不吊"规则：①指挥不明不吊；②斜吊不吊；③六级大风以上不吊；④埋在地下的物体、质量估计不准不吊；⑤吊车安全装置不灵不吊；⑥超重不吊；⑦光线阴暗，无照明不吊；⑧离高压线太近不吊；⑨无证不吊；⑩酒后不吊。

8.4.9　配电箱、机电设备应有接地装置，电线应架空，危险区域应设立安全标志。暴露在外的电线设备不得乱动。用电线路应严格选择规格，各级配电装置的布置、固定、结构形式、盘面布置、系统接线等都要按规范进行，不得乱拖电线。非电工人员不得更移线路器材，临时用电线中间不得有接头。

8.4.10 钢丝绳应经常检查保养，如发现有断股轧伤情况应及时调换，但机械在运行时不得进行保养。

8.4.11 机械操作人员应持证上岗，严禁酒后操作，严禁拆除安全装置和警示装置，不准设备带病运行和超负荷使用。

8.4.12 钻机操作时，注意钻机平稳，以防钻架突然倾倒而发生事故。

8.4.13 夜间施工要有足够的照明，不仅要保证明亮的工作照度，而且要保证照明用电的安全。

9 水泥土搅拌桩

9.1 施工要点

9.1.1 地基基础工程施工前，必须具备完整的地质勘察资料及工程附近管线、建筑物、构筑物和其他公共设施的构造情况，必要时应做施工勘察和调查，以确保工程质量及邻近建筑的安全。

9.1.2 施工过程中出现异常情况时，应停止施工，由监理或建设单位组织勘察、设计、施工等有关单位共同分析情况，解决问题，消除隐患，并应形成文件资料。

9.1.3 技术准备

(1) 熟悉施工图纸及设计说明和其他设计文件。

(2) 施工方案审核、批准已经完成。

(3) 根据施工技术交底、安全交底进行各项施工准备。

(4) 施工前应检查水泥及外掺剂的质量，桩位、搅拌机工作性能、各种计量设备（主要是水泥流量计及其他计量设备）完好程度。

9.1.4 材料要求

水泥：采用新鲜水泥，出厂日期不得超过三个月，必须具有出厂合格证与质保单并应做复试。

外加剂：所采用外加剂须具备合格证与质保单，满足设计各项参数要求。

9.1.5 主要机具

机具设备包括：深层搅拌机、起重机、水泥制配系统、导向设备、提升速度量测设备和与深层搅拌机配套的起吊设备等。

9.1.6 作业条件

（1）深层搅拌法施工的场地应事先平整，清除桩位处地上、地下一切障碍物（包括大块石、树根和生活垃圾等）。场地低洼时应回填黏性土料，不得回填杂填土。基础底面以上宜预留500mm厚的土层，搅拌桩施工到地面，开挖基坑时，应将打桩段上部质量较差的土挖去。

（2）施工前应标定深层搅拌机械的灰浆泵输浆量、灰浆经输浆管送达搅拌机喷浆口的时间和起吊设备提升速度等施工参数，并根据设计要求通过成桩试验，确定搅拌桩地基的配合比和施工工艺。

（3）施工使用的固化剂和外掺剂必须通过加固土室内试验检验方能使用。固化剂浆液应严格按预定的配合比拌制。制备好的浆液不得离析，泵送必须连续，拌制浆液的罐数、固化剂与外掺剂的用量以及泵送浆液的时间等应有专人记录。

（4）应保证起吊设备的平整度和导向架的垂直度。

9.2 质量控制措施

9.2.1 施工中质量重点控制要点：

（1）定位偏差：偏差<5cm。

（2）桩身垂直度：垂直度≤1%。

（3）喷浆搅拌速度：V≤0.5m/min。

（4）桩身地表下 5m 范围内必须再重复搅拌一次，使水泥和地基土均匀拌和。

（5）施工中电流表变化以不超过 70A 为宜。

9.2.2 对部分超深桩采取的措施

（1）根据设计有效桩长、桩底标高调整桩架高度以保证满足施工需要。

（2）根据地质资料，了解打桩段土层情况；根据以往施工经验，更换电机，增大功率，使深层搅拌桩机能顺利切入土中，并达到桩底设计标高。

（3）对桩深超过 18m 的部位，在喷浆过程中密切观察流量变化情况，保证喷浆量和喷浆的部位符合要求。

9.2.3 其他原则

（1）搅拌桩要穿透软土层到达强度相对较高的持力层，持力层深度除根据地质资料外，还应根据下钻时电流表的读数来确定：当下钻时电流表的读数明显上升，说明已进入硬土层；当电流表上升到一个较大数值且进入硬土层深度达 0.5m 以上时，则说明已进入持力层。

（2）搅拌桩的施工必须连续，若成桩过程中遇有故障而停止喷浆，其喷粉重叠长度不得小于 1.0m。

（3）在水厂管线处施工搅拌桩时，应注意距离已有管线不小于 2.0m，并注意保护管线。

（4）凡施工桩长与设计桩长不符，必须如实记录并经驻地监理签认后报指挥部认可。如出现大量桩长不符，应报指挥部确定是否需要设计变更。

（5）复搅深度原则上应贯通全桩长，施工中发现不能全桩长复搅，报监理，经监理同意后可根据实际情况或电流值变化情况确定复搅长度。

124

（6）若发生"空洞"情况，应立即用素土回填"空洞"，重新下钻喷浆进行接桩处理，重叠长度不小于 1.0m，直至成桩为止。

（7）施工完必须养护一个月，达到设计强度后才能填筑路基或施工构造物，以免影响软土地基处理效果。

9.3　质量检查与验收

9.3.1　搅拌机喷浆提升的速度和次数必须符合施工工艺的要求，应有专人记录搅拌机每米下沉或提升的时间，深度记录误差不得大于 50mm，时间记录误差不得大于 5s，施工中发现的问题及处理情况均应注明。

9.3.2　施工过程中应随时检查施工记录，并对每根桩进行质量评定。对于不合格的桩应根据其位置和数量等具体情况，分别采取补桩或加强邻桩等措施。

9.3.3　搅拌桩应在成桩后 7d 内用轻便触探器钻取桩身加固土样，观察搅拌均匀程度，同时根据轻便触探器击数用对比法判断桩身强度。检验桩的数量应不少于已完成桩数的 2%。

9.3.4　在下列情况下尚应进行取样、单桩载荷试验或开挖检验：

（1）经触探检验，对桩身强度有怀疑的桩，应钻取桩身芯样，制成试块并测定桩身强度。

（2）对场地复杂或施工有问题的桩，应进行单桩载荷试验，检验其承载力。

（3）对相邻桩搭接要求严格的工程，应在桩养护到一定龄期时选取数根桩体进行开挖，检查桩顶部分外观质量。

9.3.5 进行强度检验时，对承重水泥土搅拌桩应取 90d 后的试件；对支护水泥土搅拌桩应取 28d 后的试件。

9.3.6 基槽开挖后，应检验桩位、桩数与桩顶质量，如不符合规定要求，应采取有效补救措施。

9.3.7 水泥土搅拌桩地基质量检验标准应符合表 9.3.7 的规定。

表 9.3.7 水泥土搅拌桩地基质量检验标准

项目	序号	检查项目	允许偏差或允许值		检查方法
			单位	数值	
主控项目	1	水泥及外掺剂质量	设计要求		查产品合格证书或抽样送检
	2	水泥用量	参数指标		查看流量表及水泥浆水灰比
	3	桩体强度	设计要求		按规定方法
	4	地基承载力	设计要求		按规定方法
一般项目	1	机头提升速度	m/min	≤0.5	量机头上升距离与时间比
	2	桩底标高	mm	±200	测机头深度
	3	桩顶标高	mm	+100 −50	水准仪（最上部 500mm 不计入）
	4	桩位偏差	mm	<50	用钢尺量
	5	桩径		<0.04D	用钢尺量，D 为桩径
	6	垂直度	%	≤1.5	经纬仪
	7	搭接	mm	>200	用钢尺量

9.4 安全控制措施

9.4.1 水泥土搅拌桩安全措施

（1）在不平整场地或较软场地上施工时，应保持机械的

126